CMP BOOKS
机工IT

U0151175

速学
Django

Web开发从入门到进阶

小楼一夜听春语　编著

机械工业出版社
CHINA MACHINE PRESS

本书是一本关于 Django 开发快速入门的图书。

本书清晰明了地讲解了使用 Django 进行 Web 项目开发时所涉及的常用知识点，包括框架配置、路由配置、模型、视图、模板、表单、中间件、上下文处理器、代码测试、网站缓存和网站部署等内容。

本书的宗旨是以尽可能简洁的流程引领读者快速入门 Web 项目开发，并能够在实战项目中充分体会使用 Django 进行 Web 项目开发的各种技术与方法。

本书主要包含两部分内容：

第一部分（第 1~6 章）为读者介绍 Django 的用途与特点、设计理念以及 Django 开发所依赖的知识体系；同时，通过一个 Web 项目对 Django 开发流程进行快速体验。

第二部分（第 7~15 章）与读者一起完成一个安全资讯网站的主体开发，使读者能够更加深入地了解 Django 在 Web 项目开发中高效率、易扩展的优点，以及在 Web 项目的整体开发中所起到的作用。同时，能够让读者更全面地了解 Django 开发的细节与技巧。

本书可供使用 Python 作为主要编程语言进行 Web 开发的入门级读者学习与参考。

本书配有全套案例数据集、源代码，可通过关注微信公众号——IT 有得聊，回复 74463 获取。

图书在版编目（CIP）数据

速学 Django：Web 开发从入门到进阶 / 小楼一夜听春语编著 .—北京：机械工业出版社，2024.1
ISBN 978-7-111-74463-4

Ⅰ. ①速… Ⅱ. ①小… Ⅲ. ①软件工具—程序设计 Ⅳ. ①TP311.561

中国国家版本馆 CIP 数据核字（2024）第 007099 号

机械工业出版社（北京市百万庄大街 22 号 邮政编码 100037）
策划编辑：王 斌　　　　　　责任编辑：王 斌 秦 菲
责任校对：梁 园 陈 越　　　责任印制：常天培
北京科信印刷有限公司印刷
2024 年 3 月第 1 版第 1 次印刷
184mm×240mm · 17.75 印张 · 392 千字
标准书号：ISBN 978-7-111-74463-4
定价：99.00 元

电话服务　　　　　　　　　网络服务
客服电话：010-88361066　　机 工 官 网：www.cmpbook.com
　　　　　010-88379833　　机 工 官 博：weibo.com/cmp1952
　　　　　010-68326294　　金 书 网：www.golden-book.com
封底无防伪标均为盗版　机工教育服务网：www.cmpedu.com

前 言

PREFACE

Django 是基于 Python 语言进行 Web 编程的一个主流的开源框架。使用这个框架能够让程序开发人员非常便捷高效地开发出 Web 应用程序。

在编写本书之前，我一直在思考，如何能够让 Django 的学习过程变得简单而有效？如何能够让读者轻松进入学习状态？如何将知识点融入每一个环节？如何让读者在每一个环节的学习中都会有一定的获得感？为此，我做了将近6个月的前期准备工作，对书中案例进行先期的预演，以及分配知识点的逐步融入。最终将图书内容划分为基础入门与实战进阶两个部分。

基础入门部分主要是让读者掌握使用 Django 进行 Web 应用程序开发的基本流程，让读者快速完成从0到1的跨越。这一部分包括第1~6章。

第1章　　讲述了 Django 的起源、用途、特点、软件架构模式以及一些前置知识。

第2章　　讲述了如何搭建 Django 项目的开发环境。

第3章　　讲述了 Django 项目的组成结构以及基本工作过程。

第4章　　讲述了 Django 项目中 Web 应用的具体实现。

第5章　　讲述了 Django 后台的定制与优化，以及用户权限的管理操作。

第6章　　讲述了如何在不同的操作系统中部署基于 Django 开发的 Web 项目。

实战进阶部分则通过一个完整的项目，加深读者对 Django 核心功能的理解，让读者掌握更多的 Django 开发技巧。对于某些功能的实现，会对自行编码与 Django 内置代码进行对比，并说明对某些功能的不同实现方式。这一部分包括第7~15章。

第7章　　讲述了创建新的 Django 项目。

第8章　　讲述了数据模型类的编写以及执行数据迁移。

第9章　　讲述了如何使用 Django 的单元测试减少代码可能存在的异常。

第10章　讲述了项目中各种常用模板的编写，以及在浏览器中查看模板。

第11章　通过实现注册与登录功能，讲述了 Django 通用视图的使用、会话的操作以及使用第三方库实现邮件验证功能等内容。

第12章　通过实现各类列表页面，讲述了 Django 列表视图的实现，以及如何自定义模板标签与上下文处理器，添加到模板中使用。

第13章　通过实现页面边栏模块，讲述了 Django 数据查询的聚合操作。

第14章　通过实现文章详情页面，讲述了更多通用视图的使用，以及自定义中间件的使用。

第15章　讲述了结合第三方库以及搜索引擎服务，实现项目中的全文检索功能。

除了基本的图书内容，本书还为读者提供了丰富的学习素材、模拟数据，以及丰富的技术文档，方便读者根据图书内容进行练习，也方便读者自行深入学习 Django 或 JS、CSS、HTML 等语言，以及前端框架 Bootstrap。

本书是速学系列中的一本。另外两本分别是用于 Python 编程语言学习的《速学 Python：程序设计从入门到进阶》和用于互联网产品设计的《速学 Axure RP：产品原型设计从入门到进阶》，三本书结合学习可以完整了解产品设计到开发的整体过程。

最后，这本书能够面世，离不开机械工业出版社编辑们的支持与鼓励，帮我梳理出较为清晰的内容结构，并且对本书进行认真的编辑审校。

感谢机械工业出版社优秀的编辑们，是你们让这本书变得更加精彩！

感谢每一位亲爱的读者，是你们给了我前进的动力！

编　者

目 录

CONTENTS

第 4 章 开发 Web 应用 / 34

第 15 章　Django 项目实战：实现全文检索功能 / 262

第 1 章
认识 Django

1.1　Web 项目开发利器——Django

Django 是一个开放源代码的 Web 应用框架，由 Python 语言编写而成。 它是市面上较为流行的 Web 应用开发框架之一。Django 框架功能丰富，易于使用，所以逐渐成为许多 Web 应用开发者的首选框架。

1.1.1　Django 的起源

Django 诞生于 2003 年秋天，源自实际的 Web 应用开发需求。

当时，美国堪萨斯州劳伦斯城有一个名为"世界在线（World Online）"的网络开发小组，主要负责开发和维护当地的一些新闻网站。因为新闻编辑工作快节奏的特点，需求方（记者或领导）经常会要求一些网站的迭代更新甚至整个程序都要在计划时间内快速地建立完成，这些计划往往都非常急促，期限只有几天或是几个小时。为了适应这种快节奏的开发需求，小组成员阿德里安·霍洛瓦蒂（Adrian Holovaty）和西蒙·威利森（Simon Willison）决定放弃使用 PHP 作为开发语言，而是转为使用 Python 语言进行网站开发。

在开发网站的过程中，一些具有通用性的代码和工作内容被不断发现并抽取出来，进行重复利用。经过日积月累，这些内容逐渐形成了一个能够灵活拓展的 Web 公用框架，减少了大量的重复工作，从而提升了工作效率。

2005 年 7 月，发展迅速并得到大量支持的 Django 初次开源发布，并于 2008 年 9 月发布了第一个正式版本——Django 1.0。

Django 是根据比利时的爵士音乐家 Django Reinhardt 命名的，汉字音译"姜戈"。

1.1.2　Django 的用途

正如前文所述，Django 衍生自真实的 Web 开发需求，它所注重的是代码的复用，减少重复的工作。所以，它的主要目的是能够方便程序员简便、快速地开发数据库驱动的网站。

Django 最初就是为了开发新闻网站而生，所以它非常适合开发内容管理系统（Content Management System，CMS），包括新闻网站、在线杂志、博客等。

但是，Django 并不仅仅限于内容管理系统的开发。Django 优秀的安全性、可扩展性以及多用户角色管理功能等，让 Django 适合开发各种主流的 Web 应用程序，例如，电子商务网站、金融网站、社交网站、客户关系管理系统，以及主流网络应用（如微信小程序）的后台系统等。

1.1.3　Django 的特点

Django 作为能够快速进行 Web 应用开发的框架，具有以下主要特点。

（1）自动化脚本工具

使用 Django 的自动化脚本工具能够通过简单的命令对项目进行管理，例如创建项目、创建应用等操作。

（2）自带管理后台

Django 只需一些简单的设置和几行代码的编写，就可以让目标网站拥有一个强大的管理后台。管理后台能够方便地对内容进行增加、删除、修改与查找的操作，并且还能够进行定制搜索、过滤等操作。

（3）灵活的路由系统

Django 能够非常便捷地定义各种形式的访问地址，并且具有良好的可维护性。

（4）强大的数据库 ORM

在进行面向对象编程时，数据通常存储在对象的各个属性中。例如一个用户类的对象，它的编号、姓名、年龄等属性都可以用来记录用户信息。当需要把对象中的数据存储到数据库时，按照传统思路，需要手动编写 SQL 语句，将对象中的数据嵌入 SQL 语句中，并调用相关方法执行 SQL 语句。

而采用 ORM（Object Relational Mapping，对象关系映射）技术之后，只要提前配置好对象和数据库之间的映射关系，ORM 就可以自动生成 SQL 语句，并将对象中的数据自动存储到数据库中。

Django 拥有强大的数据库操作接口（QuerySet API），开发者基本上无须掌握 SQL 语言即可操作数据库。

（5）易用的模板系统

Django 自带强大、易扩展的模板系统，能够非常便捷地完成模板的创建与维护。同时，它还支持第三方模板系统（如 jinja2）。

（6）完整的错误提示

Django 提供了非常完整的错误信息提示和定位功能，可在开发调试过程中快速定位错误或异常。

（7）强大的缓存支持

Django 内置了缓存框架，并提供了多种可选的缓存方式。只需要进行简单的配置，就能实现特定网页或网站整体的缓存功能。

（8）网站国际化支持

Django 支持多语言应用，允许定义翻译的文字，轻松将网站界面与内容翻译成不同国家或地区的语言。

（9）完善的在线文档

Django 提供了完善的在线文档，包括多种语言的翻译版本，让 Django 用户能够非常容易地找到问题的解决方案。

1.2　Django 的架构设计

当建筑工人盖一座房子时，需要先确定采用哪一种建筑结构，例如，砖混结构、砖木结构、钢筋混凝土结构等。这里所说的建筑结构，很明显不是已经建造完成的房屋，而是所遵循的一种架构模式。一般来说，Web 应用框架就像盖好的房子一样，有着特定的结构，遵循某种架构模式。

1.2.1　软件架构模式 MVC

MVC（Model View Controller）是一种常见的软件架构模式，这种架构模式把软件系统分为三个基本部分，即模型（Model）、视图（View）和控制器（Controller）。它们各司其职，以插件式、松耦合的方式连接在一起。

模型（Model）：负责业务对象与数据库的关系映射（ORM）。

视图（View）：负责客户端页面的显示。

控制器（Controller）：接收用户的输入，调用模型与视图响应客户端的请求。

MVC 模式的请求与响应过程如图 1-1 所示。

当用户通过浏览器向服务器发起请求，控制器在接受请求后，将会调用模型获取数据，并将取得的数据传给视图进行渲染，最终将形成的页面通过控制器发送给浏览器，呈现给用户。

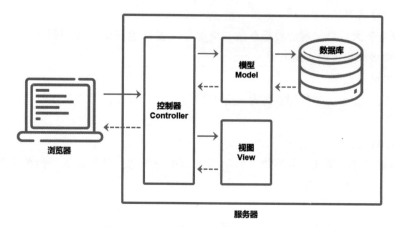

图 1-1　MVC 模式的请求与响应过程

Django 是遵循 MVC 软件架构模式的框架。

1.2.2　Django 的 MTV 模式

在 Django 中，控制器接收用户输入的部分由框架自行处理，也就是说，Django 本身扮演了一部分控制器的角色。开发者所需要关注的是模型（Model）、模板（Template）和视图（View），这种设计模式称为 MTV 模式。

模型（Model）：负责业务对象与数据库的关系映射(ORM)。

模板（Template）：负责客户端页面的显示。

视图（View）：负责业务逻辑，能够根据需求调用模型和模板。

MTV 模式的请求与响应过程如图 1-2 所示。

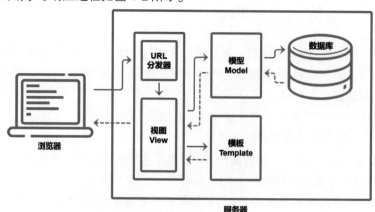

图 1-2　MTV 模式的请求与响应过程

当用户通过浏览器向服务器发起请求，Django 的 URL 分发器会将每一个 URL 的页面请求分发给相应的视图函数进行处理。视图函数将会调用模型获取数据，并将数据渲染到模板，最终形成的页面被发送到浏览器，呈现给用户。

> **提示**
>
> URL（Uniform Resoure Locator，统一资源定位符），通俗理解就是网络资源地址，也就是通常所说的网址。

由此可以看出，MTV 模式实际上仍然遵循 MVC 架构模式。MTV 模式中的模型对应 MVC 模式中的模型；MTV 模式中的模板对应 MVC 模式中的视图；MTV 模式中的 URL 分发器与视图对应 MVC 模式中的控制器。

1.3　Django 开发的相关知识

Django 虽然能够减少重复的工作与代码，但是仍有很多内容需要我们自己来完成。而完成这些内容的相关知识和技能是我们预先要掌握的。

1.3.1　Django 原生语言 Python

Django 是使用 Python 语言编写而成的，所以，通过 Django 进行 Web 应用开发，必须掌握 Python 这门编程语言。如果还没有掌握 Python，那么，很遗憾，你将没有办法继续进行本书的学习。

想要快速完成 Python 入门学习，推荐阅读《速学 Python：程序设计从入门到进阶》。

1.3.2　网页开发语言 HTML/CSS/JS

除了 Python，如果你已掌握一些网页开发语言自然是极好的。

HTML（Hyper Text Markup Language，超文本标记语言）包括一系列标签，通过这些标签来定义网页的内容，如标题、正文、图像等。

CSS（Cascading Style Sheets，层叠样式表）用来控制网页的外观，如颜色、字体、背景等。另外，它不仅可以静态地修饰网页，还可以配合各种脚本语言动态地对网页各元素进行格式化。

JS（JavaScript）是一种解释型编程语言。它作为脚本语言被广泛用于 Web 应用开发中，主要用来向 HTML 页面添加交互行为（包括页面中的动态功能、改变页面元素样式与内容、数据实时刷新以及数据提交服务器前的验证等）。它可以直接嵌入 HTML 页面中，也能够写成单独的 JS

文件。

从网页开发的角度来说，有预先掌握这些网页开发语言的必要性。但单从使用 Django 的角度来说，在有些无须前端显示的应用场景中，即使没有掌握这些语言也能够完成开发需求。

在本书的范例中，在使用网页开发语言之前会有相应的讲述，读者不必担心产生学习障碍。

1.3.3　数据库结构化查询语言 SQL

大部分 Web 应用都离不开数据库的支持，业务数据需要存储在数据库中，并且根据需求进行读取以及更新。

SQL（Structured Query Language，结构化查询语言）是一种数据库查询和程序设计语言，用来访问和操作关系型数据库。

SQL 语言也不是必须已经掌握的语言。因为 Django 具有强大的对象关系映射（ORM）功能，它所提供的数据库操作接口（QuerySet API），让我们无须掌握 SQL 语言即可操作数据库。当然，在某些特殊情况下，可能需要使用到原生的 SQL 语句，但这并不常见。并且 Django 能够非常方便地进行 SQL 语句的重写，从而使用自定义的 SQL 语句进行数据库操作。

1.3.4　Django 项目的生产环境——操作系统与服务器

当 Web 应用开发完成，需要部署到服务器中进行发布。

在本书中，我们将学习在 Windows 和 CentOS 两个主流的服务器操作系统上进行 Web 服务器的搭建。

Windows 操作系统由微软公司发行，编写 Web 应用程序代码的工作就在这个系统中完成。

而 CentOS 是 Linux 操作系统的众多发行版之一，作为服务器操作系统，它具有非常好的性能。

在学习本书内容之前，建议读者对这两种操作系统都进行初步的了解，掌握操作系统的安装以及基本的操作。当然，这也并不是必需的，本书在涉及这些操作系统的使用时会有相应的介绍。

在 Windows 系统中，我们将使用 IIS（Internet Information Services，互联网信息服务）服务器与 WFastCGI 进行 Web 服务器搭建。

在 CentOS 中，我们将结合使用 Nginx 服务器与 Uwsgi 服务器进行 Web 服务器搭建。

第 2 章
搭建 Django 开发环境

2.1 安装 Python 解释器

　　根据 1.3 节可知，Python 语言是唯一一种必须掌握的编程语言，因为 Django 就是使用 Python 语言所编写的。如果想执行 Python 语言所编写的程序代码，Python 解释器是必不可少的。所以，我们要先进行 Python 的下载与安装。

　　注意，不同版本的 Django 可能需要不同版本的 Python 解释器。

　　关于 Django 版本与 Python 解释器版本的对应关系，在 Django 的官方文档中有明确的说明。

　　读者可以下载 Django 的官方文档后，将文档压缩包解压缩，并根据下方路径找到文档内容。（附件：Django 文档下载链接的二维码）

　　文档路径：https:/django-docs-4.1-zh-hans/faq/install.html。

　　段落标题：我应该使用哪个版本的 Python 来配合 Django?

　　当确认了需要使用的 Django 版本（本书使用 Django 4.1.0）之后，就可以到 Python 的官网下载与 Django 版本相对应的 Python 安装程序。

　　因为是在 Windows 系统中编写代码，这里我们下载 Python 的 Windows 安装程序。下载地址为 https://www.python.org/downloads/windows/。

　　如图 2-1 所示，在下载页面中，有很多版本的 Python 安装程序，本书使用的是 Python 3.9.9。

图 2-1　下载 Python 安装程序

速学 Django：Web 开发从入门到进阶

下载安装程序时，还要注意与操作系统类型相匹配。

下载完成后，双击安装程序。

如图 2-2 所示，在安装开始界面中，切记勾选"Add Python 3.9 to PATH"的选项，然后单击"Install Now"进行安装。

图 2-2　Python 开始安装界面

提示

如果不勾选"Add Python 3.9 to PATH"，则无法在 CMD 命令行工具中使用 Python 命令。因为手动配置环境变量容易出错，建议通过重新安装 Python 解决问题。

直到出现安装完成界面，单击"Close"按钮关闭即可。如图 2-3 所示。

图 2-3　Python 安装完成界面

2.2　安装 PyCharm 代码编写工具

PyCharm 是一款功能丰富、简单易用的代码编写工具。下载地址：https://www.jetbrains.com/zh-cn/pycharm/download/。

PyCharm 分为 Professional（专业）和 Community（社区）两个版本。Professional 版为付费使用版本，集成了更多的功能。我们需要下载的是 Community 版，它是能够免费使用的版本，适合学习使用。

下载完成后，双击安装程序，打开安装界面。

我们只需要多次单击"Next>"，即可完成默认安装。当然，也可以在出现安装选项界面时，勾选需要的项目，再进行安装，如图 2-4 所示。

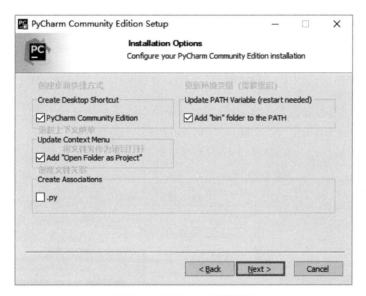

图 2-4　PyCharm 安装界面

建议不要创建文件关联，并且将".py"文件的打开方式设置为"C:\Windows\py.exe"。安装完毕之后，打开 PyCharm。此时，在欢迎界面中，可以创建新的项目（New Project），如图 2-5 所示。

如果不习惯使用英文界面的软件，可以安装中文语言包。如图 2-6 所示，切换到插件（Plugins）界面，选择中文语言包进行安装（Install）。

提示

如果列表中没有找到中文语言包插件，可以在搜索栏中输入"Chinese"进行搜索。

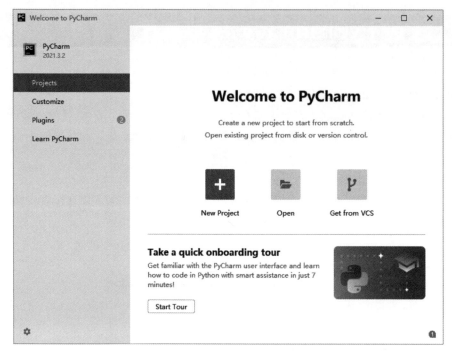

图 2-5　PyCharm 欢迎界面

图 2-6　PyCharm 插件界面

　　完成插件安装后，单击重新启动软件（Restart）按钮，如图 2-7 所示，软件就会转换为中文界面。

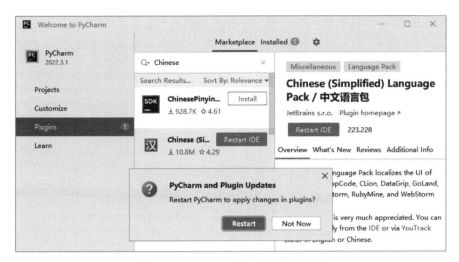

图 2-7　PyCharm 插件安装完成界面

2.3　安装 Django 开发框架

在正确安装过 Python 之后，在 CMD 命令行工具中，通过 pip 命令即可进行 Django 的安装。命令行工具路径：C:\Windows\system32\cmd.exe。如图 2-8 所示，以安装 Django 4.1.0 版本为例。

执行命令：`pip install Django==4.1.0`

如图2-9所示，当完成 Django 的安装之后，可以通过 Python 命令查询已安装 Django 的版本号。

执行命令：`python -m django --version`

图 2-8　使用 pip 命令安装 Django

图 2-9　查询 Django 版本号

2.4　创建 venv 虚拟环境

在实际开发工作中，往往会出现不同的项目使用了不同版本的 Django 或 Python。而我们并不方便在系统中安装多个版本的 Python 或 Django，那样会非常难以管理。

基于实际开发需求，可以通过部署虚拟环境来避免可能出现的版本冲突问题。在每一个虚拟环境中，使用专属的 Python 解释器以及 Django 等代码库。

Python 自带了轻量级的虚拟环境工具 venv，通过 Python 命令就能够完成虚拟环境的创建。

假设为 "G:\Web" 目录中的项目搭建虚拟环境。

首先，需要打开 CMD 命令行工具。

再通过 DOS 命令进入项目所在目录，执行创建虚拟环境的命令。

执行命令：

```
C:\Users\opython.com>g:
G:\>cd Web
G:\Web>python -m venv web_venv
```

执行的命令中，"web_venv" 是虚拟环境路径。

实际上，前面的操作等同于下面的这一步操作。

```
C:\Users\opython.com>python -m venv G:\Web\web_venv
```

命令执行完毕之后，会自动创建虚拟环境目录 "web_venv"，目录中包含 Python 解释器以及代码库安装工具等内容，如图 2-10 所示。

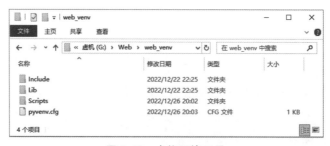

图 2-10　虚拟环境目录

在命令行工具中继续进入 "Scripts" 目录，并执行命令 "activate" 激活虚拟环境，如图 2-11 所示。

图 2-11　激活虚拟环境

如图 2-12 所示，虚拟环境被激活之后，命令行前方会出现带有小括号的虚拟环境目录名称。此时，就能够在虚拟环境中运行 Python 以及安装需要的代码库，例如 Django。

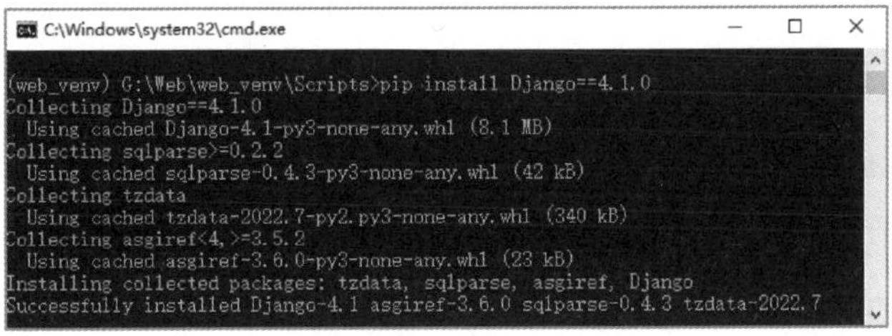

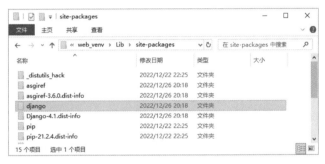

图 2-12　在虚拟环境中安装 Django

如图 2-13 所示，在虚拟环境中，代码库会被安装到"Lib\site-packages"目录中。

图 2-13　虚拟环境代码库位置

如果使用 PyCharm 创建项目，可以在创建项目（File→New Project）时选择使用虚拟环境，如图 2-14 所示。

图 2-14　使用 PyCharm 创建项目

只需要指定项目的位置，例如 G:\Web。然后，选择使用 Virtualenv 新建虚拟环境，并指定虚拟环境的存放位置，例如 G:\Web\web_venv。

项目创建完毕之后，虚拟环境也会自动创建完成，如图 2-15 所示。

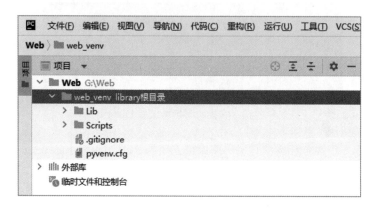

图 2-15　PyCharm 项目中的虚拟环境目录

通过快捷键〈Alt + F12〉进入命令行模式时，会自动激活虚拟环境。此时即可在虚拟环境中运行 Python 以及安装需要的代码库，例如 Django，如图 2-16 所示。

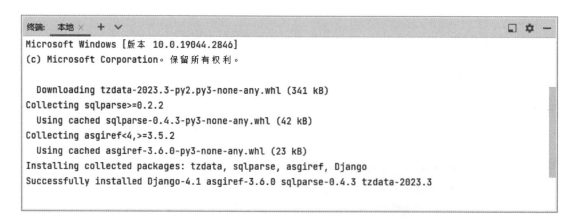

图 2-16　使用 PyCharm 为虚拟环境安装 Django

如果 PyCharm 的命令行模式不能自动进入虚拟环境，可以在文件（File）菜单中找到设置（Settings）选项，对工具（Tools）中的终端（Terminal）选项进行设置，选择 "Shell Path" 为 "CMD" 命令行工具的文件路径。另外，也可以找指定终端的 "启动目录" 为 "manage.py" 文件所在的目录，以方便命令操作，如图 2-17 所示。

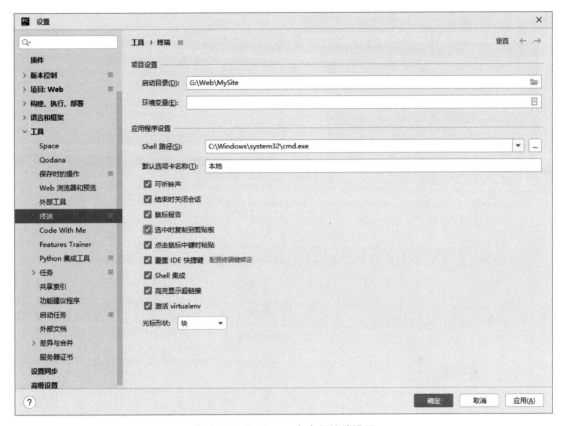

图 2-17　PyCharm 命令行终端设置

2.5　安装 SQLite 数据库可视化工具

SQLiteStudio 是一款非常优秀的 SQLite 数据库可视化工具。能够非常方便地进行数据库的创建、编辑以及浏览等操作。官网地址：https://sqlitestudio.pl/。

如图 2-18 所示，打开官网之后，单击下载（Download）按钮即可下载 SQLiteStudio 安装程序。

下载完毕之后，双击打开安装程序，选择同意安装协议后，进行默认安装即可，如图 2-19 所示。

安装完毕之后，打开程序进入主界面，通过快捷键〈Ctrl + O〉或单击添加数据库的图标进行数据库的添加，如图 2-20 所示。

图 2-18　下载 SQLiteStudio

图 2-19　SQLiteStudio 安装界面

添加数据库，只需要选择数据库文件所在路径，单击确认（OK）按钮即可，如图 2-21 所示。

图 2-20　SQLiteStudio 主界面

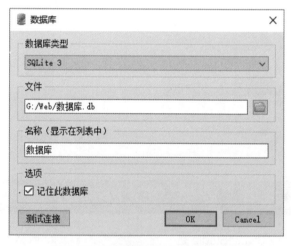

图 2-21　添加数据库到 SQLiteStudio

成功添加数据库之后，就能够查看数据库的结构、数据，以及对数据库进行各种管理操作。如图 2-22 所示，正在浏览的是某股票行情数据库。

就像在做饭之前要先把厨房、厨具、食材准备好一样，在使用 Django 进行 Web 应用开发之前，需要根据以上步骤，先完成开发环境的搭建。然后，我们就能够使用 Django 进行 Web 项目开发了。

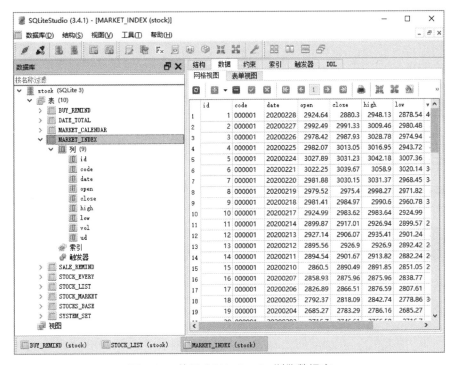

图 2-22　使用 SQLiteStudio 浏览数据库

第3章
创建 Django 项目

3.1　创建 Web 项目

首先来了解一下，一个基于 Django 开发的 Web 项目，它的基本构成是什么样的？ Django 开发的 Web 项目结构如图 3-1 所示。

图 3-1　基于 Django 的 Web 项目结构

一个基于 Django 开发的 Web 项目可以由一个或多个 Web 应用组成。每一个 Web 应用都能够独立存在，并能够完成特定任务。例如资讯应用、购物应用等。所以，在开发 Web 应用之前，需要先创建一个 Web 项目。

为了便于学习，练习项目名称就是"我的网站"，具体实现的 Web 应用功能是让用户能够在网站上浏览一些古代诗词和文章，所以 Web 应用的名称叫作"中华古诗"。当成功完成 Django 的安装之后，就可以通过命令创建 Web 项目。

> **提示**
>
> 从现在开始，如果没有特别说明，所有的操作都是在 PyCharm 中进行。

执行命令： `django-admin startproject` 项目名称（例如：我的网站）

如图 3-2 所示，在 Pycharm 的项目目录"G:\Web"之下执行了创建 Web 项目的命令。

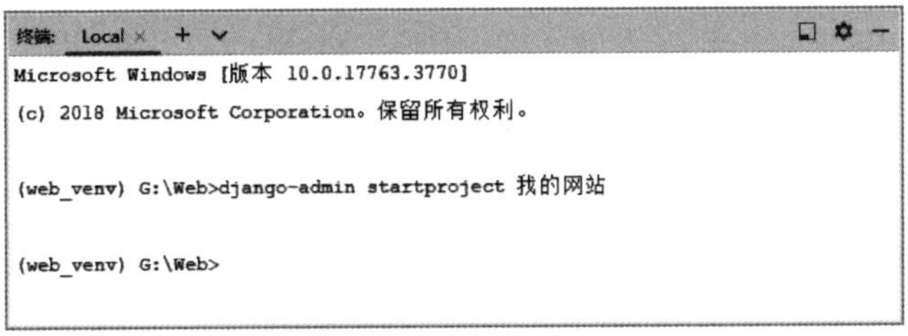

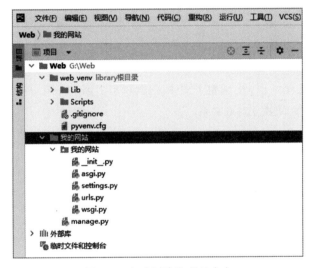

图 3-2　使用 Django 命令创建项目

命令执行成功之后，在"G:\Web"目录下出现了名为"我的网站"的 Web 项目目录，如图 3-3 所示。

图 3-3　自动创建的项目内容

在"我的网站"目录下，还包含一个同样名为"我的网站"的 Python Package（包），以及一个名为"manage.py"的 Python 文件。

3.1.1　项目基本文件

在名为"我的网站"的 Python Package（包）中，包含了一些关于 Web 项目的基本文件。

（1）__init__.py

这是一个空白文件，带有这个文件的目录会被认为是 Python Package。

（2）wsgi.py

WSGI 是 Web 服务器网关接口（Web Server Gateway Interface）。它是一个规范，描述了

Web 服务器如何与 Web 应用程序通信，以及 Web 应用程序如何链接在一起以处理一个请求。

wsgi.py 是兼容 WSGI 的 Web 服务器入口，通过它运行 Web 应用程序。

（3）asgi.py

ASGI 是异步服务器网关接口（Asynchronous Server Gateway Interface），旨在提供支持异步的 Python web 服务器、框架和应用程序之间的标准接口。WSGI 仅为同步的 Python 应用提供了标准，ASGI 则为异步和同步的 Python 应用提供了一个标准。

asgi.py 是兼容 ASGI 的 Web 服务器入口，通过它运行 Web 应用程序。

（4）settings.py

settings.py 是项目的配置文件。这个配置文件中，需要先将语言设置为中文，时区设置为亚洲/上海。这两项设置一般在靠近文件内容末尾的位置。

```
LANGUAGE_CODE = 'zh-hans'
TIME_ZONE = 'Asia/Shanghai'
```

（5）urls.py

urls.py 是一个 URLconf（URL 配置）文件，包含项目的所有 URL 声明，能够将 URL 请求和处理该请求的视图函数之间建立对应关系。

3.1.2 项目管理工具

在创建 Web 项目时，自动创建了"manage.py"文件。这个文件是非常重要的 Django 项目管理工具。

在命令行模式下进入"我的网站"，然后执行"manage.py"文件。能够看到这个文件所包含的一系列命令，如图 3-4 所示。

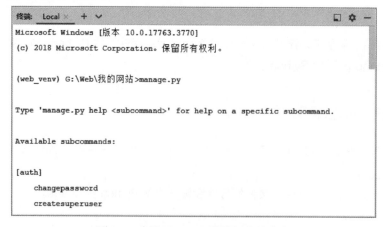

图 3-4　查看 manage 模块包含的命令

其中，有一个命令是"runserver"。这个命令能够启动 Django 内置的简易 Web 服务器，让我们能够通过浏览器访问当前的 Web 项目。

执行命令：

```
python manage.py runserver［端口号］
```

或者：

```
py manage.py runserver［端口号］
```

或者：

```
python-m manage runserver［端口号］
```

如果在 Windows 系统中指定了".py"文件的打开方式为 "C:\Windows\py.exe"，命令中可以省略"python"或"py"。

例如：`manage.py runserver［端口号］`

如果命令中不输入端口号，则默认为 8000 端口。当然，也可以指定某一个端口号，例如"8888"，如图 3-5 所示。

图 3-5　启动简易 Web 服务器

提示

　　启动 Web 服务器时，会有一些有关数据库迁移的警告，这些警告可以先忽略，稍后我们处理数据库。

此时，在浏览器中打开地址：http://127.0.0.1:8888/，就能够看到 Django 项目的欢迎界面，如图 3-6 所示。

图 3-6　Django 项目的欢迎界面

结束运行服务器可以使用快捷键〈Ctrl + C〉或〈Ctrl + Break〉。如果需要外部（如局域网中的其他设备）能够访问本机服务器，需要使用以下命令：

```
python manage.pyrunserver 0.0.0.0:端口号
```

命令中端口号设置为"80"时，在浏览器中通过 IP 地址即可直接访问服务器。命令中使用"80"之外的其他端口号时，例如"python manage.py runserver 0.0.0.0:8888"，在浏览器中必须通过"IP 地址:端口号"的形式才能访问服务器，如图 3-7 所示。

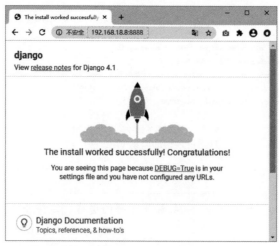

图 3-7　通过 IP 地址与端口访问 Web 服务器

外部访问本机服务器时，需要在"settings.py"文件中指定允许访问的地址。

例如，仅允许在本机通过"127.0.0.1"或"localhost"访问。

```
ALLOWED_HOSTS = []    #保持列表为空
```

例如，允许所有方式访问。

```
ALLOWED_HOSTS = ['*']    #填入星号通配符
```

例如，仅允许通过本机 IP 访问。

```
ALLOWED_HOSTS = ['192.168.18.8']        #填入本机公网或局域网 IP 地址
```

例如，仅允许通过域名访问。

```
ALLOWED_HOSTS = ['www.opython.com']        #填入本机 IP 所绑定的域名
```

3.1.3　静态文件目录与媒体文件目录

静态文件目录的名称一般命名为"static"（静态）。媒体文件目录的名称一般命名为"media"（媒体）。这两个目录需要手动进行添加，如图 3-8 所示。

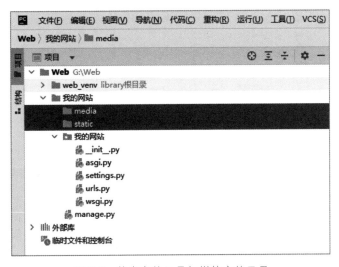

图 3-8　静态文件目录与媒体文件目录

如图 3-9 所示，在 PyCharm 中，通过在 Web 项目目录上单击鼠标右键，菜单中选择新建（N）→目录（Directory），输入目录名称后，就能够完成目录的创建。

"static"文件夹用于存放网页相关的 js 文件、css 文件以及图片等内容。"media"文件夹用于存放用户上传的文件内容。这两个文件夹也可以在需要时再进行创建。

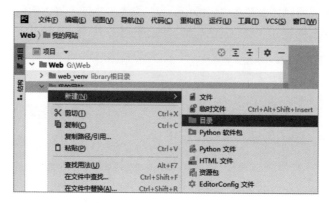

图 3-9　PyCharm 中新建目录

3.1.4　模板文件目录

模板文件目录的名称命名为"templates"，每一个模板文件都是一个文本文件，文本的格式可以是 HTML、XML、CSV 等。如图 3-10 所示。

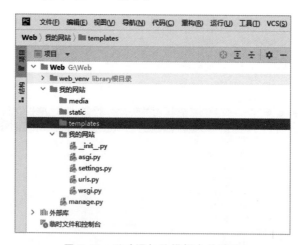

图 3-10　手动添加的模板文件目录

除了添加"templates"文件夹，还要在"settings.py"文件中设置模板文件目录的路径。"settings.py"中的设置代码如下。

```
TEMPLATES = [
    {
        'BACKEND':'django.template.backends.django.DjangoTemplates',
```

```
        'DIRS': [BASE_DIR /'templates'],        # 设置模板所在路径
        'APP_DIRS': True,
        ...                                       # 此处省略其他代码
    },
]
```

通过这样的设置之后，Django 才能够在运行时自动到指定路径下读取模板文件进行渲染。

在项目目录下添加 "templates" 文件夹，只是处理模板文件存放方式的一种。我们可以根据需求，决定是否采用这种方式。

3.1.5　数据库文件

Django 创建的 Web 项目使用的默认数据库是 SQLite3。在通过 "manage.py" 文件运行 "runserver" 命令时，项目目录中会自动创建一个名为 "db.sqlite3" 的数据库文件，如图 3-11 所示。

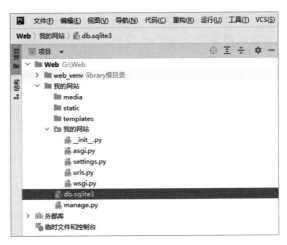

图 3-11　自动创建的数据库文件

同时，在 "settings.py" 文件中也会自动创建 SQLite3 数据库的设置。

```
DATABASES = {
    'default': {
        'ENGINE':'django.db.backends.sqlite3',     # 指定数据库引擎
        'NAME': BASE_DIR /'db.sqlite3',             # 指定数据库文件路径
    }
}
```

如果使用其他数据库，也需要进行类似的设置，例如使用 MySql 数据库。

```
DATABASES = {
    'default': {
        'ENGINE':'django.db.backends.mysql',     # 指定数据库引擎
        'NAME':'mydb',                            # 指定数据库名称
        'USER':'root',                            # 指定数据库用户名
        'PASSWORD':'abcd@123',                    # 指定数据库密码
        'HOST':'127.0.0.1',                       # 指定数据库主机地址，127.0.0.1 为本机地址
        'PORT':'3306',                            # 指定数据库主机端口号
    }
}
```

3.2 创建 Web 应用

完成 Web 项目的创建之后，我们已经能够通过命令 "runserver" 启动简易的 Web 服务器，接收来自浏览器的请求。来自浏览器的请求需要相应的 Web 应用程序进行处理，所以，接下来需要创建 Web 应用，如图 3-12 所示。

执行命令：

图 3-12　创建 Web 应用

```
python manage.py startapp 应用名称 (例如：中华古诗)
```

命令执行完毕，Django 自动创建了 Web 应用目录，里面包含了 Web 应用的基本文件，如图 3-13 所示。

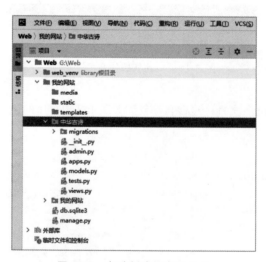

图 3-13　自动创建的应用目录

Web 应用目录仍然是一个 Python Package，包含一个空白的 "__init__.py" 文件。并且，在目录中还包含一个名为 "migrations" 的 Python Package，它用来保存每一次的数据库迁移记录。

除此之外，是一些基本功能模块。

3.2.1　应用配置模块

"apps.py" 是当前应用的配置模块。在这个模块中已经自动生成了一些代码。

```
from django.apps import AppConfig
class 中华古诗应用配置(AppConfig):          # 已将类名修改为全中文名称
    default_auto_field = 'django.db.models.BigAutoField'
    name = '中华古诗'
```

提示

因为 Python 支持使用中文名称，所以本书中的类、函数以及变量等名称均采用中文，以便读者更快速地读懂代码逻辑，降低学习难度。

这些代码就是关于当前应用的一些默认配置，在之后我们会使用到这里的配置。

3.2.2　数据模型模块

"models.py" 是当前应用的数据模型模块。"models.py" 文件目前只有一句引用代码和一句注释。

```
from django.db import models
# Create your models here. (在这里创建你的模型)
```

如果 Web 项目包含数据库，关于数据模型的定义都会在这个模块中完成。"中华古诗" 会有很多首古诗需要保存在数据库中，所以，很快我们将会用到这个模块。

3.2.3　应用测试模块

"tests.py" 是当前应用的测试模块，用来进行自动化测试。测试代码是用来检查我们编写的代码能否正常运行的程序。"tests.py" 文件目前也只有一句引用代码和一句注释。

```
from django.test import TestCase
# Create your tests here. (在这里创建你的测试)
```

因为我们还没有为 Web 应用编写代码，暂时没有需要测试的目标，所以测试模块先保持现状。

3.2.4　视图模块

"views.py" 是当前应用的视图模块，在这个模块中编写主要的业务代码，处理来自 Web 服务器的请求。"views.py" 文件目前也只有一句引用代码和一句注释。

```
from django.shortcuts import render
# Create your views here.（在这里创建你的视图）
```

大多时候，我们会在这个模块中编写视图类或视图函数，将数据与模板渲染为页面返回到 Web 服务器，从而呈现在用户面前。

3.2.5　后台管理模块

"admin.py" 是当前应用的后台管理模块。"admin.py" 文件目前也只有一句引用代码和一句注释。

```
from django.contrib import admin
# Register your models here.（在这里注册你的模型）
```

在这个模块中，我们能够对 "models.py" 模块中编写的数据模型进行注册，从而能够在 Django 的后台中对数据模型所对应的数据表进行访问与操作。

3.2.6　URL 配置模块

除了自动创建的模块文件，我们还可以根据需求为当前应用添加 "urls.py" 模块。如图 3-14 所示，在 Pycharm 中，通过在 Web 应用目录上单击鼠标右键，菜单中选择新建（N）→Python 文件（Python File），输入文件名称后，就能够完成 Python 文件的创建。

在创建 Web 项目时，已经自动创建了 "urls.py" 模块，为什么还要为应用添加 "urls.py" 模块？

当一个 Web 项目包含多个 Web 应用时，URL 的组成会比较复杂，全部在同一个 "urls.py" 模块中进行处理，会导致 URL 分发设置条目数量较多，难以管理。所以，需要在每个应用中单独创建 "urls.py" 模块，仅负责处理当前 Web 应用的 URL 请求。而在项目的 "urls.py" 模块中，只需要将不同 Web 应用的 URL 请求统一分配给相应的 "urls.py" 模块进行处理。以当前项目 "我的网站/urls.py" 模块为例，代码如下。

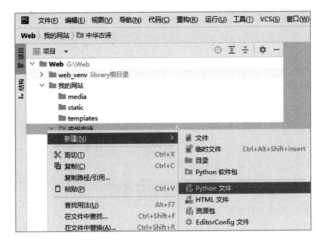

图 3-14　PyCharm 中新建 Python 文件

```
from django.contrib import admin
from django.urls import path, include        # 引入处理 url 的函数


urlpatterns = [
    path('中华古诗/', include('中华古诗.urls')),
    path('admin/', admin.site.urls),
]
```

　　函数 include 允许引用其他 URL 配置。每当 Django 遇到 include 函数时，它会截断 URL 中与此项匹配的部分，并将剩余的字符串发送到引用的 URL 配置中做进一步处理。

　　例如，用户访问 URL "http://127.0.0.1/中华古诗/唐诗/" 时，"中华古诗/" 之后会被截断，剩余的字符串 "唐诗/" 会被发送到 "中华古诗.urls" 中进行处理。

提示

　　当需要引用其他 URL 配置时都需要使用 include 函数，admin.site.urls 是唯一例外。

　　不过，我们的练习项目只有一个 Web 应用，所以可以将所有的请求直接发送到 "中华古诗.urls" 中进行处理。

　　最终，Web 应用目录（中华古诗）下 "urls.py" 文件的代码如下。

```
from django.contrib import admin
from django.urls import path, include


urlpatterns = [
    path('', include('中华古诗.urls')),        # 空字符串表示匹配根地址
```

```
    path('admin/', admin.site.urls),
]
```

3.2.7　模板文件目录

模板文件目录同样可以在 Web 应用目录中进行创建，命名为 "templates"。这样就能够让每个 Web 应用的模板独立存储，而不用全部混放在一个模板目录中。

当项目的配置文件 "settings.py" 开启了应用模板目录，Django 就会在搜索模板文件时，寻找应用目录下的 "templates" 目录，从中读取目标模板文件。

"settings.py" 中的配置代码如下。

```
TEMPLATES = [
    {
        'BACKEND': 'django.template.backends.django.DjangoTemplates',
        'DIRS': [],              # 无须再设置模板所在路径
        'APP_DIRS': True,        # 启用应用模板目录
        ...                      # 此处省略其他代码
    },
]
```

3.2.8　静态文件目录

在开发阶段中，需要在 Web 应用目录中创建静态文件目录，名称必须是 "static"。Django 能够自动找到 "static" 文件夹读取静态文件，从而让开发工作更加便捷。但最终发布网站时（将项目部署到生产环境中），所有静态文件还会被归集到项目目录下统一的静态文件目录中。

3.3　响应请求的过程

HTTP 是 Hyper Text Transfer Protocol（超文本传输协议）的缩写，是用于 Web 服务器与本地浏览器之间传输超文本的传输协议。

HTTP 客户端（浏览器）通过 URL 向 HTTP 服务器端（Web 服务器）发送请求。Web 服务器将接收到的请求通过 WSGI 传给 Web 应用程序，Web 应用程序对请求进行处理，将响应信息返回 Web 服务器，Web 服务器取得响应信息后，再将响应信息发送回浏览器。

我们知道 Django 提供了简易的 Web 服务器，并且实现了 WSGI，所以，接下来要做的只是编写 Web 应用程序代码，处理接收到的请求。

3.3.1　编写第一个视图函数

Web 应用程序接收到的每一个请求，都需要相应的视图进行处理。所以，在"views.py"模块中，需要编写相应的视图函数。

先编写一个最简单的视图，响应信息只包含一句话："您已成功获取响应信息"。

这个响应信息在浏览器访问网站根地址时返回，所以函数名称为"首页"。

```
from django.http import HttpResponse              # 引入 HTTP 响应类

def 首页(request):
    return HttpResponse('您已成功获取响应信息')        # 返回响应信息
```

最后，还要将视图函数和对应的 URL 进行关联。这一步操作在"urls.py"中进行。

3.3.2　URL 分发设置

HTTP 请求是通过 URL 发送的，所以需要设置某一种 URL 由哪一个视图进行处理。在 Web 应用"中华古诗"的目录中，我们已经新建了空白的"urls.py"模块。现在为这个模块添加代码。

```
from django.urls import path
from. import views                               # 从当前目录中引入视图模块

urlpatterns = [
    path(", views.首页),                          # 将视图函数对象与 URL 关联，空字符串表示根地址
]
```

3.3.3　呈现第一个 Web 页面

启动 Django 的简易的 Web 服务器。

执行命令：`python manage.py runserver 80`

打开浏览器，在地址栏输入"127.0.0.1"或"localhost"，就能够看到页面中呈现了响应信息，如图 3-15 所示。

当然，更多时候需要返回的响应信息是一个 HTML 页面。使用 PyCharm 能够非常方便地创建

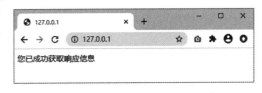

图 3-15　网页中的响应信息

HTML 文件。

在 Web 应用的 "templates" 目录上单击鼠标右键，在菜单中选择新建（N）→HTML 文件（HTML File），输入文件名称（例如：首页）并选择文件类型为 HTML 5 File 后，就能够完成 HTML 文件的创建。

此时，HTML 文件的代码如下。

```
<! DOCTYPE html>
<html lang="en">
<head>
    <meta charset="UTF-8">
    <title>Title</title>
</head>
<body>

</body>
</html>
```

HTML 标签是由尖括号包围的关键字，例如 <html>。HTML 标签通常会成对出现，例如 <title>和</title>。一对标签中的第一个标签是开始标签，第二个标签是结束标签。HTML 标签和 HTML 元素通常意思相同，但是严格来说，一个 HTML 元素包含了开始标签与结束标签，例如 <title>Title</title>。

结合以上内容，我们看一下当前 HTML 文件的代码。

- <! DOCTYPE html>声明为 HTML 5 文档。
- <html>元素是 HTML 页面的根元素，<html lang=" en" >定义了网页语言为英文。
- <head>元素包含了文档的元（meta）数据，<meta charset=" UTF-8" > 定义了网页编码格式为 UTF-8。
- <title>元素描述了文档的标题。
- <body>元素包含的是页面能够呈现的内容。

接下来，修改已有的代码，让它呈现我们想要的内容。

```
<! DOCTYPE html>
<html lang="zh-CN">
<head>
    <meta charset="UTF-8">
    <title>首页</title>
</head>
<body style="background:#000">
    <h3 style="color:#fff">您正在访问 Django 创建的页面</h3>
```

```
</body>
</html>
```

新的代码中定义了网页语言为 "zh-CN"（中文），页面标题为 "首页"，页面主体背景颜色为 "#000"（黑色），文字颜色为 "#fff"（白色）。

然后，修改 "首页" 视图函数，渲染指定的模板内容并返回客户端。

```
def 首页(request):
    return render(request, '首页.html')
```

最后，还要在配置文件 "settings.py" 中装载 Web 应用，以便能够正确读取 Web 应用目录下的模板文件。

```
INSTALLED_APPS = [
    '中华古诗',
    ...省略其他代码...
]
```

重新启动 Web 服务器，再次通过浏览器访问 "127.0.0.1" 或 "localhost"，就能够看到新的页面内容，如图 3-16 所示。

图 3-16　服务器返回的 HTML 页面

体验了响应请求的过程之后，就进入真正的 Web 应用开发阶段，目标是开发一个数据库驱动的网站。

第 4 章
开发 Web 应用

4.1 创建数据模型

　　我们所接触的网站基本都是数据库驱动的网站。通过将数据库中的数据与前端页面模板进行整合，从而产生内容丰富的网页。使用 Django 开发数据库驱动的网站，需要先创建数据模型。建立数据模型之后通过 Django 的数据库 ORM 能够快速完成数据库的创建。

4.1.1 编写模型类

　　简单来说，数据模型就是对一个数据对象基本组成的描述。我们先来看一下中华古诗网站的数据组成，如图 4-1 所示。

　　中华古诗网站的数据对象有五种，包括风格、作者、古诗、译文赏析和名句。根据数据之间的关系，数据模型的创建需要有先后顺序，先是作者与风格，再是古诗，最后是译文赏析与名句。

　　创建数据模型时，先要分析一个数据对象要包含哪些数据内容。例如，一位古诗作者的数据可能包括姓名、朝代、简介、图片等。我们可以根据需求，只选择其中一部分属性，作为数据模型的组成。当确定了数据模型的组成，就可以编写模型类描述数据模型。

　　模型类需要写在数据模型模块 models.py 中。"models.py" 文件中预先引入了相应的模块。

```
from django.db import models
```

　　我们要做的是继承 Django 的 models 模块中的 Model 类，编写自定义的模型类。

> **注意**
>
> 　　因为需要使用随书资源中带有测试数据的数据库文件，编写的模型代码务必与文中保持一致。

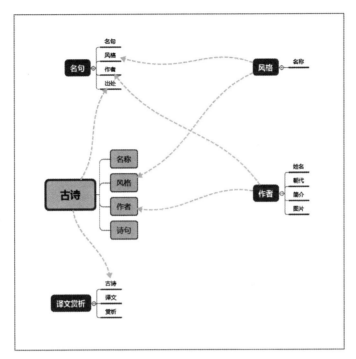

图 4-1　中华古诗网站的数据组成

1. "作者"类

```
class 作者(models.Model):              # 继承 Model 类
    朝代选项 = (
        ('先秦', '先秦'),
        ('两汉', '两汉'),
        ('魏晋', '魏晋'),
        ('南北朝', '南北朝'),
        ('隋代', '隋代'),
        ('唐代', '唐代'),
        ('五代', '五代'),
        ('宋代', '宋代'),
        ('元代', '元代'),
        ('明代', '明代'),
        ('清代', '清代'),
        ('近现代', '近现代'),
    )   # 定义可选择的朝代
    姓名 = models.CharField(max_length=5)
```

```
朝代 = models.CharField(max_length=3, choices=朝代选项)
简介 = models.TextField(default='尚无简介。')
图片 = models.ImageField(upload_to='author_img/', null=True, blank=True)

class Meta:
    unique_together = ('姓名', "朝代")    # 限制同一朝代不能有重名
```

在"作者"类中定义了四个字段。

"姓名"被定义为用于存储少量文本内容的字符字段（CharField），并且根据中国人姓名的特点（未考虑少数民族），将"姓名"字段定义为最多容纳 5 个文字。

"朝代"同样被定义为字符字段，最大长度为 3 个字符，并且需要从"朝代选项"中进行选择（choices）。"朝代选项"是一个元组。元组中每一个元素是由两个字符串组成的元组。前一个字符串是存储到数据库中的数据，后一个字符串是显示在网页中的信息。

"简介"被定义为用于存储大量文本内容的文本字段（TextField）。因为有些作者可能没有简介内容，所以设置默认值（default）为"尚无简介。"。

"图片"被定义为图片字段（ImageField），并指定了上传（upload）目录"author_img/"。因为有些作者没有肖像图片，所以允许数据库中这个字段为空值（null），并且允许在前端页面中添加作者信息时将图片信息留空（blank）。

注意，因为需要在上传图片时对图片数据进行处理，需要安装代码库 Pillow，否则会导致程序异常。

执行命令：`pip install pillow`

另外，在同一个"朝代"中不能出现相同"姓名"的作者，需要联合（Together）两个字段进行唯一（Unique）约束。所以，在内部的"Meta"类中，需要设置"unique_together"，为其指定字段元组。

2．"风格"类

```
class 风格(models.Model):
    名称 = models.CharField(max_length=5, primary_key=True)
```

"风格"类比较简单，只有"名称"字段需要定义。因为风格名称必须是唯一的，所以直接设为主键（primary_key），并限制最大字符数量为 5 个。

3．"古诗"类

```
class 古诗(models.Model):
    名称 = models.CharField(max_length=64)
    作者 = models.ForeignKey('作者', related_name='相关古诗', on_delete=models.CASCADE)
    诗句 = models.TextField(unique=True)
    风格 = models.ManyToManyField('风格', related_name='相关古诗')
```

"名称"字段定义为字符字段，最大字符数量为 64 个。

"作者"字段依赖于相应模型类。也就是说，一首古诗的作者对应一条已存在的作者数据记录。所以，需要指定外键（ForeignKey）关系。第一个参数是对应的模型类的名称。第二个参数是关联名称（related_name），指定这个名称的用途是能够让我们通过某一个作者的数据对象快速查询到该作者关联的所有古诗。最后一个参数是指定删除时（on_delete）需要进行级联（CASCADE）删除，即删除某一作者时，同步删除该作者的所有古诗。

"诗句"定义为文本字段，以适应不同长度的诗句内容。诗句内容限定是唯一的（unique）。

"风格"字段定义为多对多字段（ManyToManyField）。因为一首古诗可能包含多种风格，例如古诗《咏柳》包含"春天"和"咏物"的风格。而一种风格也可能包含多首古诗，例如"秋天"风格的古诗有《长安秋望》《枫桥夜泊》《江上》等。所以，需要指定多对多关系。第一个参数是对应的模型类的名称。第二个参数是关联名称，用于查询同一风格的古诗。

4. "名句"类

```
class 名句(models.Model):
    诗句 = models.TextField(unique=True)
    风格 = models.ManyToManyField('风格', related_name='相关名句')
    作者 = models.ForeignKey('作者', related_name='相关名句', on_delete=models.CASCADE)
    出处 = models.ForeignKey('古诗', related_name='相关名句', on_delete=models.CASCADE)
```

"诗句"定义为文本字段，存储一些节选的诗句。诗句内容限定是唯一的。

"风格"字段定义为多对多字段。原因与"古诗"类中同名字段相同。

"作者"定义为外键字段。原因与"古诗"类中同名字段相同。

"出处"定义为外键字段。记录一条名句出自哪一首古诗。

5. "译文赏析"类

```
class 译文赏析(models.Model):
    古诗 = models.OneToOneField('古诗', on_delete=models.CASCADE)
    译文 = models.TextField(default='尚无译文。')
    赏析 = models.TextField(default='尚无赏析。')
```

"古诗"定义为一对一字段（OneToOneField）。因为古诗与译文赏析是一一对应关系。不会出现一首古诗对应多个译文赏析，或一个译文赏析对应多首古诗的情况。实际上，"译文赏析"是"古诗"数据的扩展，因为译文赏析只会出现在古诗详情的数据中，所以单独进行数据的存储。当一首古诗被删除时（on_delete），相应的译文赏析也需要清理，所以设定为级联（CASCADE）删除。

"译文"和"赏析"都定义为文本字段。因为有些古诗可能没有译文赏析，所以指定默认"default"内容为"尚无译文。"和"尚无赏析。"。

在以上模型类中，我们使用了 Django 的 3 种标准字段和 3 种关系字段。实际上，Django 包含标准字段还有很多，具体如下。

AutoField	GenericIPAddressField
BigAutoField	ImageField
BigIntegerField	IntegerField
BinaryField	JSONField
BooleanField	PositiveBigIntegerField
CharField	PositiveIntegerField
DateField	PositiveSmallIntegerField
DateTimeField	SlugField
DecimalField	SmallAutoField
DurationField	SmallIntegerField
EmailField	TextField
FileField	TimeField
FilePathField	URLField
FloatField	UUIDField

这些字段中比较常用的有自增字段（AutoField）、整数字段（IntegerField）、浮点数字段（FloatField）、日期时间字段（DateTimeField）、文件字段（FileField）等。

关于标准字段的用途与使用方法，在 Django 的官方文档中有详细的介绍。

文档路径：/django-docs-4.1-zh-hans/ref/models/fields.html。

段落标题：字段类型。

绝大部分时候，这些标准字段能够完全满足我们的开发需求。

当完成模型类的编写，我们就可以通过模型类进行数据库中数据表的创建。

4.1.2 数据库配置

在进行数据表的创建之前，我们需要先完成一些必需的配置。

打开 "setting.py" 文件，首先确认是否已经在配置文件中装载了编写的 Web 应用。

```
INSTALLED_APPS = [
    '中华古诗',  # 或'中华古诗.apps.中华古诗应用配置'
    ...  # 此处省略其他代码
]
```

因为使用的是 SQLite3 数据库，数据库文件和配置都是自动生成的。

```
DATABASES = {
    'default': {
```

```
    'ENGINE': 'django.db.backends.sqlite3',          # 指定数据库引擎
    'NAME': BASE_DIR / 'db.sqlite3',                 # 指定数据库文件路径
  }
}
```

最后，还要再次确认代码语言和时区两项基本配置是否已经做如下更改。

```
LANGUAGE_CODE = 'zh-hans'         # 指定代码语言为中文
TIME_ZONE = 'Asia/Shanghai'       # 指定时区为上海
```

4.1.3　进行数据迁移

数据迁移是使用 Django 命令根据数据模型创建数据表，过程分为两步。

第一步，创建数据库迁移文件，如图 4-2 所示。

图 4-2　创建数据库迁移文件

执行命令：`python manage.py makemigrations 中华古诗`

当执行了创建数据库迁移文件的命令之后，项目中的"migrations"文件夹会自动生成名为"0001_initial.py"的 Python 文件。这个文件中包含初始的数据模型信息，如图 4-3 所示。

图 4-3　自动生成的数据库迁移文件

第二步，根据数据库迁移文件进行数据表的创建或更新，如图 4-4 所示。

图 4-4　执行数据迁移

执行命令：`python manage.py migrate`

命令执行完毕之后，数据库中会出现根据模型类自动创建相应的数据表（中文表名部分），还会额外创建一些 Django 相关的数据表（英文表名部分），如图 4-5 所示。

注意

① 如图 4-5 所示，如果模型类没有包含主键字段的定义，Django 会在创建相应的数据表时，自动添加一个名为"id"（编号）的整数类型自增字段，作为数据表的主键。

② 目前，我们完成了数据库与数据表的创建，但是数据表中并没有任何数据。为了进行下一阶段的学习，请读者将项目中的数据库文件替换为随书资源中的同名数据库文件。

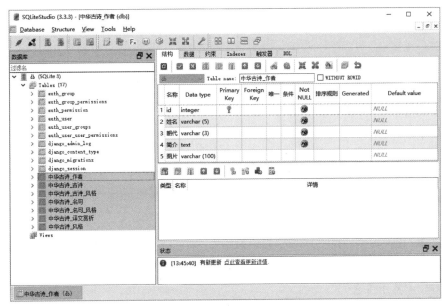

图 4-5　数据库中的数据表

4.1.4　使用 Django Shell

有了数据库中的数据，如何对这些数据进行访问？我们先使用 Django 的 Shell 尝试一下对数据库的访问操作，体验 Django ORM 的强大之处。

打开终端界面，执行命令：`python manage.py shell`。此时，会进入命令提示符（>>>）状态。我们可以在命令提示符后方编写代码。

首先，导入模型类。

```
>>> from 中华古诗.models import 古诗
```

然后，查询一首名称为"春夜喜雨"的古诗。

```
>>>春夜喜雨 = 古诗.objects.get(名称='春夜喜雨')
```

"古诗.objects"是模型管理器对象，包含各种访问数据库的方法。

get 方法用于查询唯一的数据对象，参数就是查询条件。

> **注意**
>
> 　一般只有在查询结果唯一时使用 get 方法，如果有多个查询结果时使用 get 方法，会导致程序异常。当有多个查询结果时，需要使用 filter 方法。

当我们获取了一首古诗对象，就可以调用对象的属性。例如，调用"诗句"属性。

```
>>>春夜喜雨.诗句
'\n 好雨知时节，当春乃发生。<br/>随风潜入夜，润物细无声。<br/>野径云俱黑，江船火独明。
<br/>晓看红湿处，花重锦官城。<br/>\n'
```

还可以调用"作者"属性，得到一个"作者"对象。

```
>>> 春夜喜雨.作者
<作者: 作者 object (22)>
```

可以多层级进行调用。例如，继续调用"作者"对象的"姓名"属性。

```
>>>春夜喜雨.作者.姓名
'杜甫'
```

在"名句"模型类中，我们为作者字段添加过"related_name"的参数为"相关名句"。在这里它能够派上用场了。我们可以通过"作者"对象关联查询这名作者的所有"名句"。

```
>>>春夜喜雨.作者.相关名句
<django.db.models.fields.related_descriptors.create_reverse_many_to_one_
manager.<locals>.RelatedManager object at 0x000002AF7A2677F0>
```

得到的是一个关联管理器对象。通过它能够得到某一作者的全部名句对象。例如，我们查询一下作者"杜甫"共有多少条"名句"。

```
>>>杜甫名句 = 春夜喜雨.作者.相关名句
>>>杜甫名句.count()
233
```

还能够查询第一条"名句"的诗句。

```
>>>杜甫名句.first()
<名句: 名句 object (25)>
>>>杜甫名句.first().诗句
'露从今夜白，月是故乡明。'
```

当然，也能查询最后一条。

```
>>>杜甫名句.last()
<名句: 名句 object (6495)>
>>>杜甫名句.last().诗句
'刁斗皆催晓，蟾蜍且自倾。'
```

如果需要全部的"名句"，也可以获取到全部"名句"集合。

```
>>>杜甫名句.all()
<QuerySet [<名句: 名句 object (25)>, <名句: 名句 object (40)>, <名句: 名句 object (79)
>...省略部分内容...>, '...(remaining elements truncated)...']>
```

先尝试到这里。示例代码中，我们没有编写任何 SQL 语句，却能够灵活地对数据库进行访问，这就是 Django ORM 的强大之处，如图 4-6 所示。

图 4-6　使用 Django Shell 访问数据库

对于数据库的访问不能仅仅停留在 Django 的 Shell 中，最终还是要把数据呈现到用户打开的网页中。

4.2　开发网站首页

现在，数据库中已保存了大量的古诗数据，这些数据最终要呈现在网站的页面中。具体如何呈现取决于即将编写的 HTML 模板。如图 4-7 所示，中华古诗网站的首页是"古诗"页面。

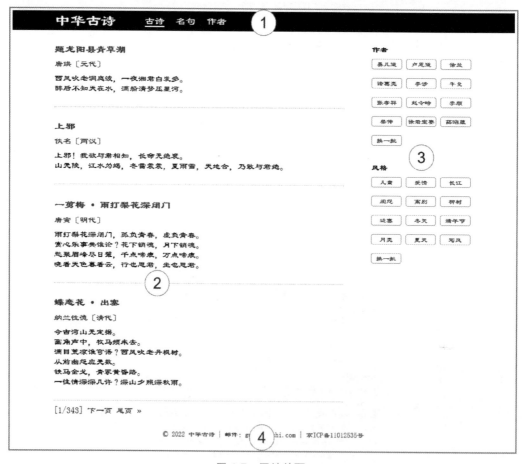

图 4-7　网站首页

这是一个简单的 HTML 页面，图 4-8 为该页面的 HTML 源代码。

如图 4-8 所示，HTML 代码中包含大量重复的样式代码。这样的代码非常不易维护，也不方便作为网站的模板使用。所以，要将这些代码提炼出来，形成一个简单的 CSS（Cascading Style Sheets，层叠样式表）文件，在页面打开时，再进行样式代码的加载。

```html
<!DOCTYPE html>
<html lang="zh-CN">
<head>
    <meta charset="UTF-8">
    <title>首页</title>
</head>
<body style="font-family:'隶书';">
<div style="width:100%; background-color:#000; height:45px;">
    <nav style="width:1000px; margin:auto;">
        <div style="width:150px;">
            <a style="font-size:36px; float:left; line-height:44px; height:44px; color:#fff; font-weight:bold; text-decoration:none;"
              href="https://localhost/">中华古诗</a>
        </div>
        <div style="width:800px; float:right; margin-left:50px; font-size:24px;">
            <div>
                <a style="margin-left:15px; line-height:44px; height:100%; color:#fff; text-decoration:none; border-bottom: 3px solid #fff;"
                  href="http://localhost/">古诗</a>
                <a style="margin-left:15px; line-height:44px; height:44px; color:#fff; text-decoration:none;"
                  href="http://localhost/名句/">名句</a>
                <a style="margin-left:15px; line-height:44px; height:44px; color:#fff; text-decoration: none;"
                  href="http://localhost/作者/">作者</a>
            </div>
        </div>
    </nav>
    <div style="width:1000px; margin-bottom:15px; margin-left:auto; margin-right:auto;">
        <div style="width:720px; float:left;">
            <section style="margin:30px 0px;">
                <header style="font-size:24px; font-weight:bold; line-height:25px; height:25px;">夜直</header>
                <p style="font-size:20px; margin-block-start:0.5em; margin-block-end:0.5em;">
                    <a href="/作者/王安石" target="_blank" style="text-decoration:none;">王安石</a><a href="/朝代/宋代" style="text-decoration:none;">（宋代）</a></p>
                <div style="font-size:20px;">
                    金炉香烬漏声残，翦翦轻风阵阵寒。<br>
                    春色恼人眠不得，月移花影上栏杆。
                </div>
            </section>
            <section style="margin:30px 0px;">
                <header style="font-size:24px; font-weight:bold; line-height:25px; height:25px;">与崔策登西山</header>
                <p style="font-size:20px; margin-block-start:0.5em; margin-block-end:0.5em;">
                    <a href="/作者/柳宗元" target="_blank" style="text-decoration:none;">柳宗元</a><a href="/朝代/唐代" style="text-decoration:none;">（唐代）</a></p>
                <div style="font-size:20px;">
                    鹤鸣楚山静，露白秋江晓。<br>
                    连袂度危桥，萦回出林杪。<br>
                    西岑极远目，毫末皆可了。<br>
                    重叠九疑高，微茫洞庭小。<br>
                    迥穷两仪际，高出万象表。<br>
                    驰景泛颓波，遥风递寒筱。<br>
                    谪居安所习，稍厌从纷扰。<br>
                    生同胥靡遗，寿比彭铿夭。<br>
                    蹇连困颠踣，愚蒙怯幽眇。<br>
                    非令亲爱疏，谁使心神悄。<br>
                    偶兹遁山水，得以观鱼鸟。<br>
                    吾子幸淹留，缓我愁肠绕。
                </div>
            </section>
            <section style="margin:30px 0px;">
                <header style="font-size:24px; font-weight:bold; line-height:25px; height:25px;">怡然观海</header>
                <p style="font-size:20px; margin-block-start:0.5em; margin-block-end:0.5em;">
                    <a href="/作者/高克恭" target="_blank" style="text-decoration:none;">高克恭</a><a href="/朝代/元代" style="text-decoration:none;">（元代）</a></p>
                <div style="font-size:20px;">
                    日日依山看荃溟，帽山青青无颜改。<br>
                    我问沧海何时老，清风问我几时闲。<br>
                    不是闲人闲不得，能闲必非等闲人。
                </div>
            </section>
            <section style="margin:30px 0px;">
                <header style="font-size:24px; font-weight:bold; line-height:25px; height:25px;">白鹭儿</header>
                <p style="font-size:20px; margin-block-start:0.5em; margin-block-end:0.5em;">
                    <a href="/作者/刘禹锡" target="_blank" style="text-decoration:none;">刘禹锡</a><a href="/朝代/唐代" style="text-decoration:none;">（唐代）</a></p>
                <div style="font-size:20px;">
                    白鹭儿，最高格。<br>
                    毛衣新成雪不敌，众禽喧呼独凝寂。<br>
                    孤眠芊芊草，久立潺潺石。<br>
                    前山正无云，飞去入遥碧。
                </div>
            </section>
        </div>
        <div style="width:250px; margin-left:30px; float:right;">
            <div style="margin:30px 0px; height:auto; overflow:hidden;">
                <H3 style="margin:5px 5px;">作者</H3>
                <a style="font-size:16px; height:22px; line-height:22px; width:70px; float:left; margin:10px 5px;
            text-align:center; border:1px solid #999; border-radius:5px;text-decoration:none;" href="/作者/李白">李白</a>
                <a style="font-size:16px; height:22px; line-height:22px; width:70px; float:left; margin:10px 5px;
            text-align:center; border:1px solid #999; border-radius:5px;text-decoration:none;" href="/作者/杜甫">杜甫</a>
                <a style="font-size:16px; height:22px; line-height:22px; width:70px; float:left; margin:10px 5px;
            text-align:center; border:1px solid #999; border-radius:5px;text-decoration:none;" href="/作者/王之涣">王之涣</a>
                <a style="font-size:16px; height:22px; line-height:22px; width:70px; float:left; margin:10px 5px;
            text-align:center; border:1px solid #999; border-radius:5px;text-decoration:none;" href="/作者/王安石">王安石</a>
                <a style="font-size:16px; height:22px; line-height:22px; width:70px; float:left; margin:10px 5px;
            text-align:center; border:1px solid #999; border-radius:5px;text-decoration:none;" href="/作者/苏轼">苏轼</a>
                <a style="font-size:16px; height:22px; line-height:22px; width:70px; float:left; margin:10px 5px;
            text-align:center; border:1px solid #999; border-radius:5px;text-decoration:none;" href="/作者/王维">王维</a>
                <a style="font-size:16px; height:22px; line-height:22px; width:70px; float:left; margin:10px 5px;
            text-align:center; border:1px solid #999; border-radius:5px;text-decoration:none;" href="/作者/屈原">屈原</a>
                <a style="font-size:16px; height:22px; line-height:22px; width:70px; float:left; margin:10px 5px;
            text-align:center; border:1px solid #999; border-radius:5px;text-decoration:none;" href="/作者/陆游">陆游</a>
                <a style="font-size:16px; height:22px; line-height:22px; width:70px; float:left; margin:10px 5px;
            text-align:center; border:1px solid #999; border-radius:5px;text-decoration:none;" href="/作者/李贺">李贺</a>
                <a style="font-size:16px; height:22px; line-height:22px; width:70px; float:left; margin:10px 5px;
            text-align:center; border:1px solid #999; border-radius:5px;text-decoration:none;" href="/作者/陶渊明">陶渊明</a>
                <a style="font-size:16px; height:22px; line-height:22px; width:70px; float:left; margin:10px 5px;
            text-align:center; border:1px solid #999; border-radius:5px;text-decoration:none;" href="/作者/辛弃疾">辛弃疾</a>
                <a style="font-size:16px; height:22px; line-height:22px; width:70px; float:left; margin:10px 5px;
            text-align:center; border:1px solid #999; border-radius:5px;text-decoration:none;" href="/作者/孟浩然">孟浩然</a>
                <a style="font-size:16px; height:22px; line-height:22px; width:70px; float:left; margin:10px 5px;
            text-align:center; border:1px solid #999; border-radius:5px;text-decoration:none;" href="/作者/">全部>></a>
            </div>
            <div style="margin:30px 0px; height:auto; overflow:hidden;">
                <H3 style="margin:5px 5px;">风格</H3>
                <a style="font-size:16px; height:22px; line-height:22px; width:70px; float:left; margin:10px 5px;
            text-align:center; border:1px solid #999; border-radius:5px;text-decoration:none;" href="/风格/春天">春天</a>
                <a style="font-size:16px; height:22px; line-height:22px; width:70px; float:left; margin:10px 5px;
            text-align:center; border:1px solid #999; border-radius:5px;text-decoration:none;" href="/风格/夏天">夏天</a>
                <a style="font-size:16px; height:22px; line-height:22px; width:70px; float:left; margin:10px 5px;
            text-align:center; border:1px solid #999; border-radius:5px;text-decoration:none;" href="/风格/秋天">秋天</a>
                <a style="font-size:16px; height:22px; line-height:22px; width:70px; float:left; margin:10px 5px;
            text-align:center; border:1px solid #999; border-radius:5px;text-decoration:none;" href="/风格/冬天">冬天</a>
                <a style="font-size:16px; height:22px; line-height:22px; width:70px; float:left; margin:10px 5px;
            text-align:center; border:1px solid #999; border-radius:5px;text-decoration:none;" href="/风格/七夕">七夕</a>
                <a style="font-size:16px; height:22px; line-height:22px; width:70px; float:left; margin:10px 5px;
            text-align:center; border:1px solid #999; border-radius:5px;text-decoration:none;" href="/风格/中秋">中秋</a>
                <a style="font-size:16px; height:22px; line-height:22px; width:70px; float:left; margin:10px 5px;
            text-align:center; border:1px solid #999; border-radius:5px;text-decoration:none;" href="/风格/梅花">梅花</a>
                <a style="font-size:16px; height:22px; line-height:22px; width:70px; float:left; margin:10px 5px;
            text-align:center; border:1px solid #999; border-radius:5px;text-decoration:none;" href="/风格/荷花">荷花</a>
                <a style="font-size:16px; height:22px; line-height:22px; width:70px; float:left; margin:10px 5px;
            text-align:center; border:1px solid #999; border-radius:5px;text-decoration:none;" href="/风格/菊花">菊花</a>
                <a style="font-size:16px; height:22px; line-height:22px; width:70px; float:left; margin:10px 5px;
            text-align:center; border:1px solid #999; border-radius:5px;text-decoration:none;" href="/风格/送别">送别</a>
                <a style="font-size:16px; height:22px; line-height:22px; width:70px; float:left; margin:10px 5px;
            text-align:center; border:1px solid #999; border-radius:5px;text-decoration:none;" href="/风格/思乡">思乡</a>
                <a style="font-size:16px; height:22px; line-height:22px; width:70px; float:left; margin:10px 5px;
            text-align:center; border:1px solid #999; border-radius:5px;text-decoration:none;" href="/风格/元宵">元宵</a>
                <a style="font-size:16px; height:22px; line-height:22px; width:70px; float:left; margin:10px 5px;
            text-align:center; border:1px solid #999; border-radius:5px;text-decoration:none;" href="/风格/清明">换一批</a>
            </div>
        </div>
    </div>
    <footer style="width:100%; float:left; text-align:center; margin:30px 0px;">
        © 2022 <a href="https://localhost/" style="text-decoration:none;">中国古诗</a> | 邮件：gushi@gushi.com | <a href="http://beian.miit.gov.cn/"
                                                                    target="_blank" style="text-decoration:none;">京ICP备11012535号</a>

    </footer>
</div>
</body>
</html>
```

图 4-8　网站首页的 HTML 源代码

4.2.1　处理静态文件和媒体文件

独立编写的 CSS 样式文件存放在项目中的什么位置？ CSS、JS、素材图片（非用户上传）、网站图标等文件都属于静态文件，可以放入预先创建的 "static" 文件夹中。在开发阶段，"static" 可以放在 Web 应用目录下（例如，当前项目的 "中华古诗" 目录）。同时放入 "static" 目录中的还有站点图标文件，名称必须是 "favicon.ico"， 如图 4-9 所示。

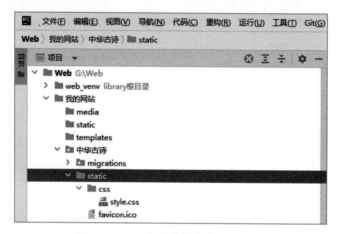

图 4-9　Web 应用中的静态文件目录

提示

　"style.css"与"favicon.ico"文件在随书资源中获取。

此时的静态文件还不能直接访问，必须在项目的配置文件 "settings.py" 中指定静态文件的路径。默认已自动生成以下配置。

```
STATIC_URL = 'static/'
```

这样配置完毕之后，当用户访问网站加载静态文件时，Django 会自动到 Web 应用目录中寻找 "static" 文件夹，读取静态文件。所以，Web 应用中静态文件目录的名称必须是 "static"。但是，如果在开发阶段将静态文件放在了项目目录的 "static" 文件夹或者其他文件夹中，则需要再添加一条配置代码，指定静态文件的存放位置。

```
STATICFILES_DIRS = [BASE_DIR / '静态文件目录名称']　# 静态文件目录列表
```

这样配置完毕之后，Django 会先到 "STATICFILES_DIRS" 列出的所有目录位置中寻找静态文件，如果未能找到，则会继续到 Web 应用目录中的 "static" 文件夹中寻找。

另外，当前项目还有很多关于古诗作者的图片，在数据库中包含这些图片的路径，如图 4-10 所示。

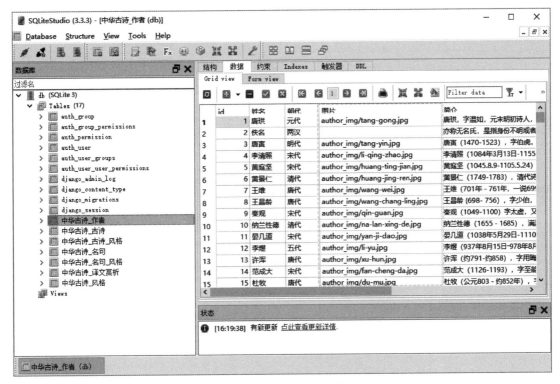

图 4-10　作者图片的路径数据

　　这些图片其实是添加作者数据时上传的图片，它们需要统一放入媒体文件目录"media"中，如图 4-11 所示。

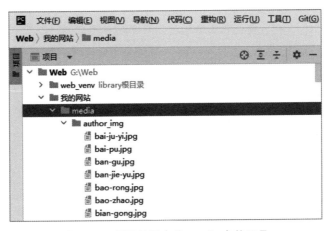

图 4-11　项目目录中的 media 文件目录

> **提示**
>
> 　所涉及的作者图片需要读者在随书资源中获取，并添加到当前项目中。

　　Django 之所以能够自动到 Web 应用目录中寻找静态文件，是因为在配置文件 "settings.py" 中添加了一个 App 负责这项工作。

　　在 "INSTALLED_APPS" 配置项的列表中能够看到装载了 "django.contrib.staticfiles"。但是，媒体文件并没有专门的程序进行处理。将媒体文件统一放在项目目录的 "media" 文件夹中，并且，同样需要添加路径的配置。

```
MEDIA_URL = 'media/'                        # 媒体文件的访问路径
MEDIA_ROOT = BASE_DIR / 'media'             # 媒体目录的绝对路径
```

　　但是，这样配置之后，仍然不能正常访问媒体文件。例如，尝试打开一个作者的图片：http://127.0.0.1/media/author_img/tang-gong.jpg。如图 4-12 所示，异常信息说明当前路径未能够正确匹配。这是因为在 Web 应用的 "urls.py" 文件中还没有添加路径 "media/" 的匹配规则。

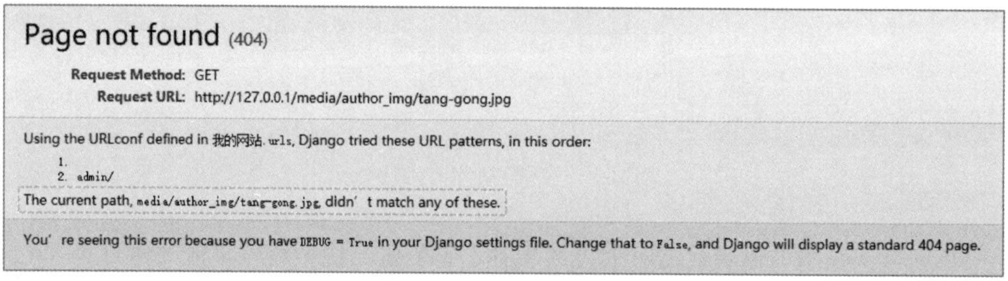

图 4-12　页面异常信息

　　打开 "urls.py" 文件，在已有代码的基础上，新增以下代码。

```
from django.conf import settings                # 引入配置
from django.views.static import serve           # 引入服务

if settings.DEBUG:                              # 如果是调试模式
    urlpatterns += [
        path('media/<path:path>', serve, {'document_root': settings.MEDIA_ROOT}),
    ]
```

　　在这段代码中，"<path:path>" 代表 "media/" 之后的任意路径。前面的 "path" 是一个自定义的名称，后面的 "path" 是路径转换器的一种，用于匹配非空字段，包括路径分隔符 "/"。在视图函数中，可以通过名称 "path" 获取匹配到的内容。

　　注意，只有在开发阶段中才需要对媒体文件做这样的处理，正式发布站点后，媒体文件会交由 Web 服务器（例如 Nginx）进行处理。所以，代码中添加了条件判断，只有调试模式下才会增加 "media/" 的路径匹配的规则。

另外，Django 提供了一个辅助函数 "static"，同样能够实现媒体文件的访问，并让代码变得更加简便。

```
from django.conf import settings              # 引入配置
from django.conf.urls.static import static    # 引入处理静态文件的函数

if settings.DEBUG:
    urlpatterns += static(settings.MEDIA_URL, document_root=settings.MEDIA_ROOT)
```

我们可以用这段新的代码完全替代上一段代码。

4.2.2　创建模板文件

我们已经拥有了网站的数据库（包含数据）、静态文件和媒体文件。接下来，开始编写 HTML 模板。

HTML 页面有着固定的组成结构，所以一些代码是所有 HTML 页面所共有的。可以将这部分代码提炼出来，作为一个基本模板，其他的页面都可以在继承基本模板的基础上做扩展。Django 的模板实际上是一个文本文件，只是在开发网站时习惯性地将 Django 的模板保存成后缀为 ".html" 的文件。

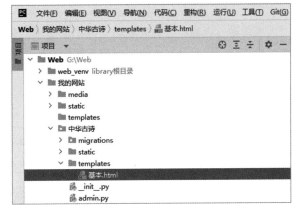

图 4-13　创建模板文件

如图 4-13 所示，模板文件存放在 Web 应用目录下的 "templates" 文件夹中，因为在配置文件中设置了 "TEMPLATES" 配置中的 "APP_DIRS" 选项为 "True"，所以，Django 会自动到这个文件夹中寻找模板文件。

创建了 "基本.html" 文件之后，先添加如下代码。

```
<! DOCTYPE html>
<html lang="zh-CN">
<head>
    <meta charset="UTF-8">
    <title>中华古诗</title>
<!--这里链接静态文件/编写样式代码/编写脚本代码-->
```

```
</head>
<body>
<!--这里编写网页内容-->
</body>
</html>
```

然后，在页面头部的"head"标签中，使用"link"标签将静态文件链接到页面。

```
<link rel="icon" href="../static/favicon.ico"/>
<link rel="stylesheet" type="text/css" href="../static/css/style.css"/>
```

这样就把网站图标和样式表文件都链接到了网站页面上。示例代码中"href"属性是静态文件的相对地址，虽然目前这样编写的代码不会出现什么问题，但是一旦静态文件改变了存放位置，就要逐一修改每一个链接的"href"属性。一般网站的静态文件都不会太少，这意味着修改的工作量巨大，并很容易出现遗漏。Django 给出了解决这个问题的办法。

4.2.3　模板中使用内置标签

在前面处理静态文件和媒体文件的章节中，我们在配置文件中定义了"STATIC_URL"，这项配置保存的就是静态文件的路径。那么，我们就可以在模板文件中使用这个路径。Django 模板语言中内置了一些标签，最基本的书写格式是"{% 标签 %}"。

> **注意**
>
> 　　书写标签时，标签名称两侧各有一个空格，不可遗漏；并且标签内容必须完整地在同一行中，不可折行。特别是在 PyCharm 等编写代码的软件中，对代码进行自动格式化时，尤其要注意标签有没有被折行。

标签"{% load static %}"能够获取静态文件目录的路径。标签"{% static '文件名称' %}"能够转换为静态文件路径，例如"{% static 'favicon.ico' %}"会转换为"/static/favicon.ico"。

所以，链接静态文件的代码修改如下。

```
{% load static %}
<link rel="icon" href="{% static 'favicon.ico' %}"/>
<link rel="stylesheet" type="text/css" href="{% static 'css/style.css' %}"/>
```

这样编写完代码之后，即便改变静态文件的存放位置，也只需修改配置文件中的"STATIC_URL"，无须逐个修改所有页面中的链接。

接下来，来了解"block"标签，其对应的结束标签是"endblock"。"block"标签的用途是在模板中声明某块内容可以在被继承时重写。

例如，如图 4-14 所示，网站中每一个网页在浏览器中打开时都会显示相应的网页标题。

图 4-14　网页的标题

在基本模板中，可以在 HTML 代码的"title"标签中，使用模板标签"block"声明。

```
<title>中华古诗 - {% block 标题 %}{% endblock %}</title>
```

上方代码中，声明了一个名称为"标题"的"block"标签。当有其他模板文件继承基本模板时，就能够通过"block"标签对这里的内容进行重写。

暂时不考虑其他页面，我们先继续完善"基本.html"。在网站的页面中都会包含顶部导航和底部信息两块内容，这两块内容编写在页面的主体"body"标签中。顶部导航的代码如下。

```
<div class="navigation">
    <nav>
        <div class="logo">
            <a href="/">中华古诗</a>
        </div>
        <div class="menu">
            <div>
                <a {% if request.path_info == '/' %}class="active"{% endif %} href="/">古诗</a>
                <a {% if request.path_info == '/名句/' %}class="active"{% endif %} href="/名句">名句</a>
                <a {% if request.path_info == '/作者/' %}class="active"{% endif %} href="/作者">作者</a>
            </div>
        </div>
    </nav>
</div>
```

示例代码中使用了"if"标签进行条件判断，对应的结束标签是"endif"。"if"标签中通过"request.path_info"获取请求的路径信息，并在符合条件时为"a"标签添加调用样式设置的"class"属性代码。这样处理是为了在打开不同页面时，导航菜单相应菜单项显示被激活的样式（本案例中是显示下划线），如图 4-15 所示。

底部信息的代码如下：

图 4-15　菜单项被激活时的样式

```
<footer>
    © 2022 <a href="https://localhost/">中华古诗</a> | 邮件：gushi@gushi.com |
<a href="http://beian.miit.gov.cn/" target="_blank">京 ICP 备 11012535 号</a>
</footer>
```

在顶部导航和底部信息两块内容之间，是主要的网页内容。使用"block"标签进行占位，以便在其他模板中进行重写。

```
<div class="content">
    {% block 页面内容 %}{% endblock %}
</div>
```

至此，我们就完成了模板"基本.html"的编写，完整代码如图 4-16 所示。

```
1   <!DOCTYPE html>
2   <html lang="zh-CN">
3   <head>
4       <meta charset="UTF-8">
5       {% load static %}
6       <link rel="icon" href="{% static 'favicon.ico' %}"/>
7       <link rel="stylesheet" type="text/css" href="{% static 'css/style.css' %}"/>
8       <title>中华古诗 - {% block 标题 %}{% endblock %}</title>
9   </head>
10  <body>
11  <div class="navigation">
12      <nav>
13          <div class="logo">
14              <a href="/">中华古诗</a>
15          </div>
16          <div class="menu">
17              <div>
18                  <a {% if request.path_info == '/' %}class="active"{% endif %} href="/">古诗</a>
19                  <a {% if request.path_info == '/名句/' %}class="active"{% endif %} href="/名句">名句</a>
20                  <a {% if request.path_info == '/作者/' %}class="active"{% endif %} href="/作者">作者</a>
21              </div>
22          </div>
23      </nav>
24  </div>
25  <div class="content">
26      {% block 页面内容 %}{% endblock %}
27  </div>
28  <footer>
29      © 2022 <a href="https://localhost/">中华古诗</a> | 邮件：gushi@gushi.com |
30      <a href="http://beian.miit.gov.cn/" target="_blank">京ICP备11012535号</a>
31  </footer>
32  </body>
33  </html>
```

图 4-16 "基本.html"模板代码

Django 的内置标签还有很多，它们的用途与使用方法在 Django 的官方文档中有详细的介绍。

文档路径：/django-docs-4.1-zh-hans/ref/templates/builtins.html。

段落标题：内置标签参考。

4.2.4　模板中使用变量

部分页面会包含右侧的侧边栏内容，如图 4-7 中第 3 部分所示。侧边栏内容包含作者和风格两块，每块内容都是由多个查询链接组成。为了方便重用，这两块内容可以单独编写为模板，嵌套在有需要的页面中。模板"侧边_作者.html"代码如下。

```
<div>
    <h3>作者</h3>
    {% for 作者 in 作者列表 %}
    <a href="{{ 路径 }}/作者/{{ 作者.id }}">{{ 作者.姓名 }}</a>
    {% endfor %}
    <a href="/随机作者/">换一批</a>
</div>
```

示例代码中使用了"for"标签对"作者列表"进行遍历，对应的结束标签是"endfor"。遍历时读取每一个数据对象并存入"作者"变量，然后通过数据对象调用指定的属性并嵌入 HTML 代码中，生成一段完整的 HTML 代码。

> **提示**
>
> "作者列表"是由视图传入模板的数据对象列表，之后编写视图代码时实现。

Django 模板中可以使用一对双花括号"{{ }}"进行变量读取、字典查找、属性查找以及列表索引查找的操作。例如：

```
{{ 变量名称 }}
{{ 字典.键 }}
{{ 对象.属性 }}
{{ 列表.索引值 }}
```

所以，在示例代码中，"{{ 路径 }}"是读取变量，"{{ 作者.id }}"和"{{ 作者.姓名 }}"是通过数据对象查询属性。

接下来是侧边栏中的另一个内容模板"侧边_风格.html"，代码如下。

```
<div>
    <h3>风格</h3>
```

```
{% for 风格 in 风格列表 %}
<a href="{{ 路径 }}/风格/{{ 风格.名称 }}">{{ 风格.名称 }}</a>
{% endfor %}
<a href="/随机风格/">换一批</a>
</div>
```

示例代码中同样使用了"for"标签对"风格列表"进行遍历，从而生成不同风格访问路径的 HTML 代码。

> "风格列表"是由视图传入模板的数据对象列表，之后编写视图代码时实现。

以上两段代码中存放数据对象的变量（"作者"与"风格"）都是在"for"标签中定义，而变量"路径"的定义却没有在代码中出现。这是因为变量"路径"的定义是在其他模板中完成的。

接下来一起了解变量"路径"的作用。作者和风格两块内容在古诗（首页）和名句页面中都会出现。在古诗页面中单击"作者"或"风格"中的链接时，可以查询某一作者或者某一风格的全部古诗。而在名句页面中单击"作者"或"风格"中的链接时，可以查询某一作者或者某一风格的全部名句。这也就意味着在不同页面中，作者和风格两块内容所包含的链接是可变的。例如，在古诗页面中，"作者"中的链接类似于"/**古诗**/作者/1"，单击后能够查询指定编号作者的所有古诗；而在名句页面中，"作者"中的链接类似于 "/**名句**/作者/1"，单击后能够查询指定编号作者的所有古诗名句。所以，变量"路径"中的内容取决于是哪一个页面的模板使用了当前侧边栏的模板。

接下来，我们一起完成网站首页的模板文件"古诗.html"的代码。

4.2.5 模板的继承与包含

回顾一下我们的网站首页，如图 4-7 所示。网站首页共分为四个部分，分别是：顶部导航、古诗列表、右侧边栏、底部信息。在模板"基本.html"中，已经完成了网页的基本代码以及"顶部导航"和"底部信息"的代码。在模板"侧边_作者.html"和"侧边_风格.html"中已经完成了右侧边栏的代码。所以，在模板"古诗.html"中，需要做的工作如下。

（1）继承"基本.html"模板

在新建了"古诗.html"文件之后，先通过"extends"标签进行模板继承。

```
{% extends '基本.html' %}
```

（2）重写页面标题

重写标题最为简单，仍然使用"block"标签。

```
{% block 标题 %}古诗{% endblock %}
```

（3）重写页面内容

先将 "block" 标签写入文件，然后编写每一部分代码。

```
{% block 页面内容 %}
    <div class="list">
        ...尚未编写的代码（古诗列表）...
    </div>
    <div class="sidebar">
        ...尚未编写的代码（右侧边栏）...
    </div>
{% endblock %}
```

第一部分是古诗列表代码。

```
{% for 古诗 in 古诗列表 %}
<section>
    <h2><a href="/古诗/{{ 古诗.id }}" target="_blank">{{ 古诗.名称 }}</a></h2>
    <div>
        <p>
            <a href="/作者/{{ 古诗.作者.id }}" target="_blank">{{ 古诗.作者.姓名 }}</a><a href="/朝代/{{ 古诗.作者.朝代 }}">[{{ 古诗.作者.朝代 }}]</a>
        </p>
        <p>
            {{ 古诗.诗句 |safe }}
        </p>
    </div>
</section>
<hr>
{% endfor %}


<!--分页条 -->
<div>
    <span>
        {% if 页码 > 1 %}
            <a href="? 页码=1">&laquo; 首页</a>
            <a href="? 页码={{ 页码 |add:-1 }}">上一页</a>
        {% endif %}
        <span class="current">
            [{{ 页码 }}/{{ 页面总数 }}]
```

```
        </span>
        {% if 页码 < 页面总数 %}
            <a href="? 页码={{ 页码 |add:1 }}">下一页</a>
            <a href="? 页码={{ 页面总数 }}">尾页 &raquo;</a>
        {% endif %}
    </span>
</div>
```

示例代码中，先使用了"for"标签对"古诗列表"进行遍历，并将"古诗"的属性嵌入HTML 代码中，形成符合样式外观的古诗列表。

因为古诗的诗句数据中包含 HTML 代码，为了这些 HTML 代码能够生效，在嵌入古诗诗句时，代码中使用了过滤器"safe"。过滤器的作用是对管道符"I"左侧的变量进行处理。过滤器"safe"的作用是标记左侧变量中的字符串在输出前不需要进一步的 HTML 转义。这样处理后HTML 代码能够被正常解析执行。否则，数据中的 HTML 代码将会被当作普通文本处理。

> **提示**
>
> "古诗列表"是由视图传入模板的数据对象列表，之后编写视图代码时实现。

然后，古诗列表的下方需要有分页条，方便用户进行翻页操作，如图 4-17 所示。

« 首页 上一页 [2/343] 下一页 尾页 »

图 4-17　古诗列表的分页条

> **提示**
>
> "页码"和"页面总数"是视图传入模板的数据，之后在编写视图代码时实现。

分页条的代码中，使用"if"标签根据当前页面和页面总数对分页条中的一些元素进行有条件显示。例如，页码大于"1"时，才会显示"首页"和"上一页"的文本链接。并且，在模板代码中使用了过滤器"add"，对页码进行加减计算。

Django 的内置过滤器还有很多，它们的用途与使用方法在 Django 的官方文档中有详细的介绍。

文档路径： /django-docs-4.1-zh-hans/ref/templates/builtins.html。

段落标题： 内置过滤器参考。

第二部分是右侧边栏代码。

```
{% with 路径 ='/古诗' %}
{% include '侧边_作者.html' %}
```

```
{% include '侧边_风格.html' %}
{% endwith %}
```

示例代码中，通过 "with" 标签声明了 "路径" 变量，对应结束标签为 "endwith"，并通过 "include" 标签包含了 "侧边_作者.html" 和 "侧边_风格.html" 两个模板的内容到当前模板。

至此，我们基本完成了 "古诗" 页面的 HTML 模板。接下来，编写视图代码，访问数据库获取数据，并将数据传递到模板。

4.2.6 编写视图函数

视图代码编写在视图文件 "views.py" 中。文件中已经包含了一句代码。

```
from django.shortcuts import render        # 引入渲染函数
```

继续添加代码，引入需要使用的模型类和数学模块。

```
from .models import *        # 引入全部模型类
from math import ceil        # 引入向上取整函数
```

我们将使用模型类的模型管理器进行数据查询，并将数据与 HTML 模板整合，形成最终的网页呈现给用户。这些操作可以通过视图函数来实现。

视图函数必须带有一个首位参数 "request"，用于接收来自服务器的请求信息。为了呈现 "古诗" 页面，我们定义一个名为 "古诗视图" 的视图函数。在这个视图函数中，需要对页码进行处理，并获取某一页码对应的页面中古诗的数据，以及右侧边栏中作者与风格数据。

```
def 古诗视图(request):
    数据 = {}                                  # 创建数据字典
    页码 = 1                                   # 创建初始页码
    每页数量 = 10                              # 定义分页数量
    if 页码参数 := request.GET.get('页码'):   # 如果请求信息包含页码参数，则存入变量
        页码 = int(页码参数)                   # 将页码参数转为数字类型存入变量
    古诗总数 = 古诗.objects.count()            # 获取古诗总数
    数据['页码'] = 页码                         # 将页码数据存入数据字典
    数据['页面总数'] = ceil(古诗总数 / 每页数量)# 将页面总数（向上取整）存入数据字典
    起始索引, 终止索引 = (页码 - 1) * 每页数量, 页码 * 每页数量  # 每个古诗页面中古诗数据的起始
位置和终止位置
    数据['古诗列表'] = 古诗.objects.order_by('id')[起始索引:终止索引]   # 从以 id 排序的
结果集中取出与页码对应的部分存入数据字典
    数据['风格列表'] = 风格.objects.order_by('?')[:12]   # 获取随机排序结果集中前 12 项数据
存入数据字典
```

```
    数据['作者列表'] = 作者.objects.order_by('?')[:12]  # 获取随机排序结果集中前 12 项数据存入数据字典
    return render(request, '古诗.html', 数据)  # 将模板与数据整合为响应(HttpResponse)对象返回
```

在之前的古诗模板“古诗.html”中,分页条中页码链接是类似“?页码=1”。也就是说，从客户端发起的请求为“GET”类型，并包含了“页码”参数。上述示例代码中，通过“request”参数能够获取来自客户端的各类请求（GET 或 POST 等），“request.GET”能够获取“GET”请求的参数字典，通过“get”方法能够获取参数字典中某个名称参数的值。如果未包含某个名称的参数，则返回 None 值。然后，通过模型管理器（objects）对数据库进行访问，分别获取古诗、作者以及风格的数据并存入数据字典。

模型管理器的“order_by”方法可以获取以数据字段名称（例如：“id”）进行升序排序的结果集（QuerySet）。如果需要降序排列，可以在名称前添加减号“-”，例如“order_by('-id')”。

如果“order_by”方法的参数填入“'?'”则能够获取随机排序的结果集。结果集能够通过切片操作取得其中部分数据。

在视图函数代码的最后，“render”函数负责将模板与数据字典进行整合，形成最终的网页代码。

虽然已经编写了视图函数，但是页面还不能访问。我们需要进行最后一项设置，让用户访问网站根地址时，能够调用这个视图函数进行响应处理。这项设置在 Web 应用目录下的“url.py”文件中。我们将之前的根目录路径设置改为新的语句。

```
path('', views.古诗视图),
```

这样就将 URL 与视图函数对象进行了关联，当访问网站根地址时，请求会被“古诗视图”函数进行处理。

当前“url.py”文件的完整代码，如图 4-18 所示。

```
urls.py
from django.urls import path
from . import views  # 从当前目录中引入视图模块
from django.conf import settings  # 引入配置
from django.conf.urls.static import static  # 引入处理静态文件的函数

urlpatterns = [
    path('', views.古诗视图),
]

if settings.DEBUG:
    urlpatterns += static(settings.MEDIA_URL, document_root=settings.MEDIA_ROOT)
```

图 4-18　“url.py”文件的完整代码

执行命令：`python manage.py runserver 80`

此时，打开浏览器访问"http://127.0.0.1/"或"http://localhost/"，就能够看到古诗页面。

4.2.7 使用列表视图类——ListView

Django 为了让开发工作更有效率，预置了一些通用视图。我们可以编写视图类继承通用视图，从而让代码变得更加简单。仍以"古诗"页面为例。先引入通用视图中的列表视图"List-View"类。

```
from django.views.generic.list import ListView
```

为了区别于"古诗视图"函数，视图类的名称叫作"首页视图"。

```
class 首页视图(ListView):
    model = 古诗                        # 列表的数据模型
    template_name = '首页.html'          # 模板名称
    ordering = 'id'                     # 排序字段
    paginate_by = 10                    # 每页古诗数量

    def get_context_data(self, ** kwargs):
        context = super().get_context_data(** kwargs)        # 调用父类方法获取视图数据
        context['风格列表'] = 风格.objects.order_by('?')[:12]    # 添加附加数据到视图数据
        context['作者列表'] = 作者.objects.order_by('?')[:12]    # 添加附加数据到视图数据
        return context
```

当视图类继承了"ListView"类，我们只需要重写一些类变量就能实现视图功能。但是，如果有附加的数据内容，则需要重写"get_context_data"方法，因为这个方法返回的是视图数据。

"get_context_data"方法中，先调用父类同名方法获取上下文（Context）数据，上下文数据是一个数据字典，主要包含分页器、页面对象和结果集（当前为古诗数据）等。然后，可以为字典添加额外的数据元素，例如："风格列表"和"作者列表"。

在示例代码中，模板名称变为了"首页.html"，也就意味着想要使用一个新的模板文件。在"templates"文件夹中新建一个模板文件"首页.html"。将模板"古诗.html"中的内容复制到"首页.html"中进行修改。

```
{% extends '基本.html' %}
{% block 标题 %}古诗{% endblock %}
{% block 页面内容 %}
<div class="list">
```

```
    {% for 古诗 in page_obj.object_list %}
    <section>
        <h2><a href="/古诗/{{ 古诗.id }}" target="_blank">{{ 古诗.名称 }}</a></h2>
        <div>
            <p>
                <a href="/作者/{{ 古诗.作者.id }}" target="_blank">{{ 古诗.作者.姓名 }}</a>
                <a href="/朝代/{{ 古诗.作者.朝代 }}">[{{ 古诗.作者.朝代 }}]</a>
            </p>
            <p>
                {{ 古诗.诗句 |safe }}
            </p>
        </div>
    </section>
    <hr>
    {% endfor %}
<!-- 分页条 -->
    <div>
        <span>
            {% if page_obj.has_previous %}
                <a href="?page=1">&laquo; 首页</a>
                <a href="?page={{ page_obj.previous_page_number }}">上一页</a>
            {% endif %}
            <span class="current">
                [{{ page_obj.number }}/{{ page_obj.paginator.num_pages }}]
            </span>

            {% if page_obj.has_next %}
                <a href="?page={{ page_obj.next_page_number }}">下一页</a>
                <a href="?page={{ page_obj.paginator.num_pages }}">尾页 &raquo;</a>
            {% endif %}
        </span>
    </div>
</div>
<div class="sidebar">
    {% with 路径='/古诗' %}
    {% include '侧边_作者.html' %}
    {% include '侧边_风格.html' %}
    {% endwith %}
</div>
{% endblock %}
```

修改的部分如图 4-19 所示。

```
首页.html ×
1    {% extends '基本.html' %}
2    {% block 标题 %}古诗{% endblock %}
3    {% block 页面内容 %}
4    <div class="list">
5        {% for 古诗 in page_obj.object_list %}    遍历页面对象的数据列表
6        <section>
7            <h2><a href="/古诗/{{ 古诗.id }}" target="_blank">{{ 古诗.名称 }}</a></h2>
8            <div>
9                <p>
10                   <a href="/作者/{{ 古诗.作者.id }}" target="_blank">{{ 古诗.作者.姓名 }}</a>
11                   <a href="/朝代/{{ 古诗.作者.朝代 }}">（{{ 古诗.作者.朝代 }}）</a>
12               </p>
13               <p>
14                   {{ 古诗.诗句 | safe }}
15               </p>
16           </div>
17       </section>
18       <hr>
19       {% endfor %}
20       <!-- 分页条 -->
21       <div>
22           <span>
23               {% if page_obj.has_previous %}    如果页面对象有上一页
24                   <a href="?page=1">&laquo; 首页</a>
25                   <a href="?page={{ page_obj.previous_page_number }}">上一页</a>    页面对象上一页的页码
26               {% endif %}
27               <span class="current">
28                   [{{ page_obj.number }}/{{ page_obj.paginator.num_pages }}]    页面对象的页码 / 分页器页面总数
29               </span>
30
31               {% if page_obj.has_next %}        如果页面对象有下一页
32                   <a href="?page={{ page_obj.next_page_number }}">下一页</a>        页面对象下一页的页码
33                   <a href="?page={{ page_obj.paginator.num_pages }}">尾页 &raquo;</a>    尾页页码（分页器页面总数）
34               {% endif %}
35           </span>
36       </div>
37   </div>
38   <div class="sidebar">
39       {% with 路径='/古诗' %}
40       {% include '侧边_作者.html' %}
41       {% include '侧边_风格.html' %}
42       {% endwith %}
43   </div>
44   {% endblock %}
```

图 4-19　"首页.html"中修改部分的代码

示例代码中修改的内容有两部分。

第一部分，用"page_obj.object_list"替换之前的"古诗列表"，"page_obj"是页面对象，"object_list"就是经过排序与分页处理的古诗结果集。

第二部分是分页条代码。Django 的分页器（Paginator）能够自动完成结果集的分页，并让页面对象"page_obj"包含分页的属性。

所以，在分页条的代码中，都是通过页面对象"page_obj"调用分页属性进行判断与嵌入。

> **注意**
>
> 使用 Django 的"ListView"视图时，HTML 页面链接中页码的参数必须是"page"，否则无法正确显示页面。

使用了列表视图类之后，URL 配置也需要做相应的改变。打开 Web 应用目录中的"urls.py"文件，将网站根地址的配置更改为：

```
path(", views.首页视图.as_view()),
```

视图类的"as_view()"方法返回的同样是一个视图函数对象。此时，打开浏览器访问"http://127.0.0.1/"或"http://localhost/"，古诗页面同样能够显示在浏览器中。

4.3 开发作者页面

作者页面也是一个列表页面。如图 4-20 所示，与古诗列表不同的是，作者列表的列表项可能包含作者肖像的图片，没有作者肖像的列表项只显示作者姓名与简介。

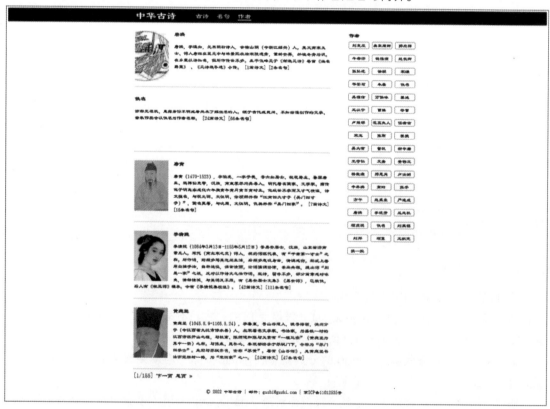

图 4-20　作者页面

与开发网站首页步骤相同，我们先完成作者页面的模板文件"作者.html"。

4.3.1　模板中添加媒体文件

将图片等媒体文件添加到模板时，可以使用类似"../media/author_img/xxx.jpg"的路径。但是，如果媒体文件改变了位置，意味着页面中的媒体文件链接都要进行修改。解决办法有两个。

第一个办法是像静态文件一样，使用模板标签"{% load static %}"。媒体文件链接类似"{% get_media_prefix %}' author_img/xxx.jpg '"。模板标签"{% get_media_prefix %}"能够获取媒体文件目录的路径，与后方的文件路径合并为完整的图片路径。

第二个办法是添加一项模板的配置内容。在配置文件"settings.py"中，为"TEMPLATES"（模板）的"OPTIONS"（选项）添加一个"context_processors"（上下文处理器）。

```
TEMPLATES = [
    {
        'BACKEND': 'django.template.backends.django.DjangoTemplates',
        'DIRS': [ ],
        'APP_DIRS': True,
        'OPTIONS': {
            'context_processors': [
                ...省略其他代码...
                'django.template.context_processors.media'  #添加媒体文件处理程序
            ],
        },
    },
]
```

配置完毕之后，就可以在模板中通过"{{ MEDIA_URL }}"获取媒体文件目录的路径。媒体文件链接类似"{{ MEDIA_URL }}' author_img/xxx.jpg '"。下面是模板"作者.html"的完整代码。

```
{% extends '基本.html' %}
{% block 标题 %}作者{% endblock %}
{% block 页面内容 %}
<div class="list">
    {% for 作者 in page_obj.object_list %}
    <section class="author">
        {% if 作者.图片 %}
```

```
    <div>
        <img src="{{ MEDIA_URL }}{{ 作者.图片 }}">
    </div>
    {% endif %}
    <h3>
        <a target="_blank" href="/作者/{{ 作者.id }}">{{ 作者.姓名 }}</a>
    </h3>
    <p>
        <small>
            {{ 作者.简介 }}
            <a target="_blank" href="/古诗/作者/{{ 作者.id }}">[ {{ 作者.相关古诗.
count }}篇诗文 ]</a>
            <a target="_blank" href="/名句/作者/{{ 作者.id }}">[ {{ 作者.相关名句.
count }}条名句 ]</a>
        </small>
    </p>
    </section>
    <hr>
    {% endfor %}
    {% include '分页.html' %}
</div>
<div class="sidebar">
    {% include '侧边_作者.html' %}
</div>
{% endblock %}
```

在示例代码中，通过标签"include"嵌入了模板"分页.html"。这是因为分页条会在多个模板中出现，所以将分页条代码单独提取出来，创建了模板"分页.html"。另外，通过关联管理器对象（"作者.相关古诗"和"作者.相关名句"）调用"count"属性，分别获取了某一作者相关古诗和名句的数量。

4.3.2 使用列表视图类

作者页面的视图类，仍然继承列表视图（ListView）。"作者视图"与"首页视图"代码非常相似，具体代码如下。

```
class 作者视图(ListView):
    model = 作者
```

```
template_name = '作者.html'
ordering = 'id'
paginate_by = 10

def get_context_data(self, **kwargs):
    context = super().get_context_data(**kwargs)
    context['作者列表'] = 作者.objects.order_by('?')[:48]
    return context
```

现在，只需要添加 URL 配置就能够访问作者页面。打开 Web 应用目录中的"urls.py"文件，添加以下路径规则。

```
path('作者/', views.作者视图.as_view()),
```

4.4　开发名句页面

名句页面仍然是一个列表页面，如图 4-21 所示。

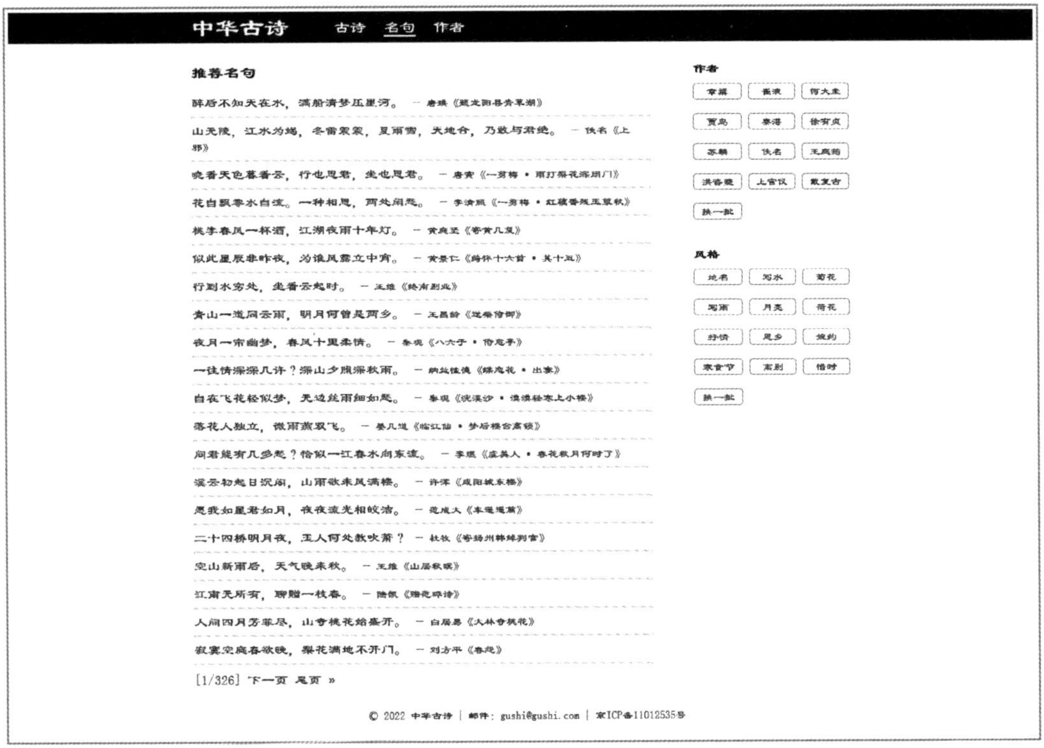

图 4-21　网站名句页面

4.4.1　创建模板文件

创建模板文件"名句.html"，完整代码如下。

```
{% extends '基本.html' %}
{% block 标题 %}名句{% endblock %}
{% block 页面内容 %}
<div class="list">
    <h2>{% if 分类 %}{{ 分类 }}的名句{% else %}推荐名句{% endif %}</h2>
    {% for 名句 in page_obj.object_list %}
    <div>
        <a target="_blank" href="/古诗/{{ 名句.出处.id }}">{{ 名句.诗句 }}
            <small>— {{ 名句.作者.姓名 }}《{{ 名句.出处.名称 }}》</small></a>
    </div>
    <hr>
    {% endfor %}
    {% include '分页.html' %}
</div>
<div class="sidebar">
    {% with 路径='/名句' %}
    {% include '侧边_作者.html' %}
    {% include '侧边_风格.html' %}
    {% endwith %}
</div>
{% endblock %}
```

示例代码中，如果"分类"变量为空值，显示标题为"推荐名句"；否则，显示"××的名句"。"分类"变量数据来自视图，之后编写相关视图代码时实现。

4.4.2　使用列表视图类

名句页面的视图类，继续继承列表视图（ListView）。"名句视图"类的具体代码如下。

```
class 名句视图(ListView):
    model = 名句
    template_name = '名句.html'
    ordering = 'id'
    paginate_by = 20
```

```
def get_context_data(self, **kwargs):
    context = super().get_context_data(**kwargs)
    context['作者列表'] = 作者.objects.order_by('?')[:12]
    context['风格列表'] = 风格.objects.order_by('?')[:12]
    return context
```

示例代码中 "get_context_data" 方法的内容和 "首页视图" 完全一样。这样重复的代码其实可以只写一次。

编写一个 "列表视图" 类继承 "ListView" 类，并写入 "get_context_data" 方法。

```
class 列表视图(ListView):
    def get_context_data(self, **kwargs):
        context = super().get_context_data(**kwargs)
        context['作者列表'] = 作者.objects.order_by('?')[:12]
        context['风格列表'] = 风格.objects.order_by('?')[:12]
        return context
```

然后，带有相同侧边栏的列表视图都能够继承 "列表视图" 类。

```
class 首页视图(列表视图):
    model = 古诗
    template_name = '首页.html'
    ordering = 'id'
    paginate_by = 10


class 名句视图(列表视图):
    model = 名句
    template_name = '名句.html'
    ordering = 'id'
    paginate_by = 20
```

打开 Web 应用目录中的 "urls.py" 文件，添加以下路径规则。

```
path('名句/', views.名句视图.as_view()),
```

至此，名句页面也能够进行访问了。

4.5　开发古籍页面

古籍页面是一个尚未开发的页面，页面打开之后会显示页面正在建设的提示，如图 4-22 所示。

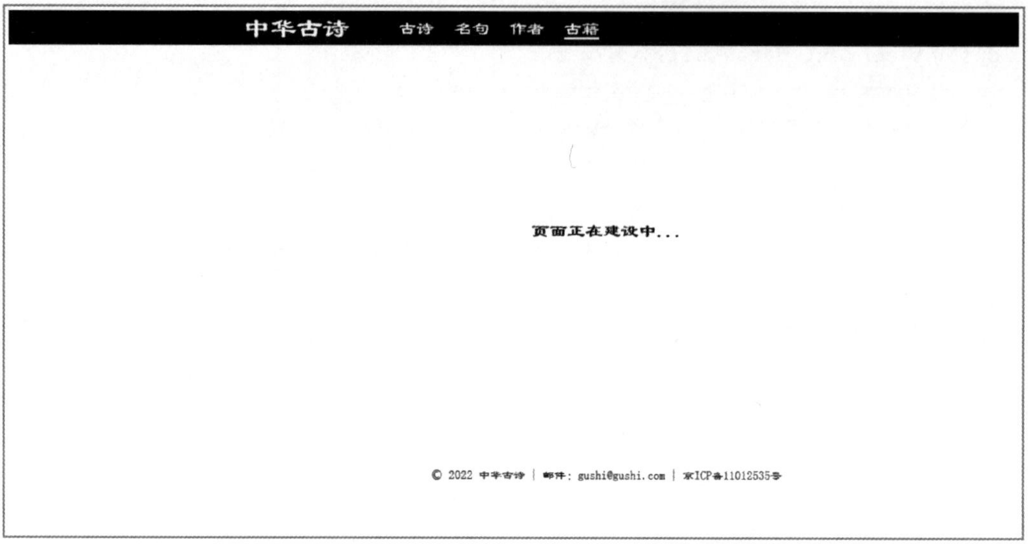

图 4-22　古籍页面

4.5.1　创建模板文件

在导航菜单中增加"古籍"链接。打开模板"基本.html"，在导航部分的代码中添加一行语句。

```
<a {% if request.path_info == '/古籍/' %}class="active"{% endif %} href="/古籍">
古籍</a>
```

然后，新建古籍页面的模板文件"古籍.html"，全部代码如下。

```
{% extends '基本.html' %}
{% block 标题 %}古籍{% endblock %}
{% block 页面内容 %}
<div class="tip">
<h2>页面正在建设中...</h2>
</div>
{% endblock %}
```

4.5.2　使用模板视图类——TemplateView

古籍页面不需要任何来自数据库的数据。在用户访问古籍页面时，只需要将模板"古籍.

html"的内容直接展示就可以。这种情况下，我们不需要再编写视图代码，而是在 Web 应用目录下的"urls.py"文件中直接使用模板视图来完成请求的响应。

首先，在文件顶部引入模板视图类"TemplateView"。

```
from django.views.generic.base import TemplateView
```

然后，添加新的路径规则。

```
path('古籍/', TemplateView.as_view(template_name='古籍.html')),
```

现在，古籍页面就能够进行访问了。

4.6 开发古诗详情页面

在开发新的页面之前，我们把 URL 进行优化。因为当前路径规则中的 URL 格式一旦发生变化，就意味着页面中相应的链接都需要修改。

Django 有很简单的解决方案解决这个问题。

4.6.1 URL 的反向解析

为了避免这种情况，我们需要在 Web 应用目录下的"urls.py"文件中为"path"函数指定名称（name）参数。例如，根据古诗的编号（id）打开古诗详情页面的路径规则如下。

```
path('古诗/<int:pk>', views.古诗详情.as_view(), name='古诗详情'),
```

示例代码中，"<int:pk>"表示参数类型要求与名称。名称"pk"表示"Primary Key"，也就是数据库中数据记录的主键。Django 的详情视图（DetailView）类能够自动获取这个参数，自动以参数值为主键进行数据库查询。而类型"int"决定参数必须为数字类型，例如"古诗/1"；否则，请求不予处理，例如"古诗/悯农"。

在这里，"int"被称为路径转换器，匹配 0 和正整数，返回一个"int"类型的数字。除了"int"之外，路径转换器还有"str"和"path"等。

当然，最重要的还是新增的"name"参数。当将一个路径设置了名称，就能够在模板中进行反向解析。

以模板文件"首页.html"为例。在这个模板中，古诗的名称是一个可单击的链接，单击之后进入古诗详情页面。

之前的代码如下：

```
<h2><a href="/古诗/{{ 古诗.id }}" target="_blank">{{ 古诗.名称 }}</a></h2>
```

现在，使用"url"标签进行反向解析，新的代码如下。

```
<h2><a href="{% url '古诗详情' 古诗.id %}" target="_blank">{{ 古诗.名称 }}</a></h2>
```

　　新的代码中，"url"后方跟随着"path"的"name"属性"古诗详情"，以及参数"古诗.id"，它们之间以空格隔开。当这样修改完毕之后，打开中华古诗网站首页，能够看到链接路径的格式类似"古诗/1"，如图 4-23 所示。

　　因为还没有在"views.py"文件中编写"古诗详情"视图类，此时程序会报错，可以添加以下代码解决。

图 4-23　古诗标题的链接

```
from django.views import View

class 古诗详情(View):
    ...
```

　　接下来，修改路径规则为新的格式，例如：

```
path('古诗-<int:pk>', views.古诗详情.as_view(), name='古诗详情'),
```

　　路径中的"/"改为了"-"，也就意味着类似"古诗/1"的路径将不能被解析，能够解析的是类似"古诗-1"的新格式。

　　打开浏览器，访问网站首页，能够看到古诗标题的链接已经自动变为新的格式，如图 4-24 所示。

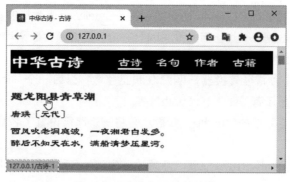

图 4-24　古诗标题的新链接

　　除了古诗详情页面的链接之外，其他页面的链接也可以通过添加"name"参数在模板中进行反向解析，从而满足改变 URL 而不需要修改模板的需求。

4.6.2　创建模板文件

古诗详情页面的主要内容包括古诗、译文、赏析以及作者信息，如图 4-25 所示。

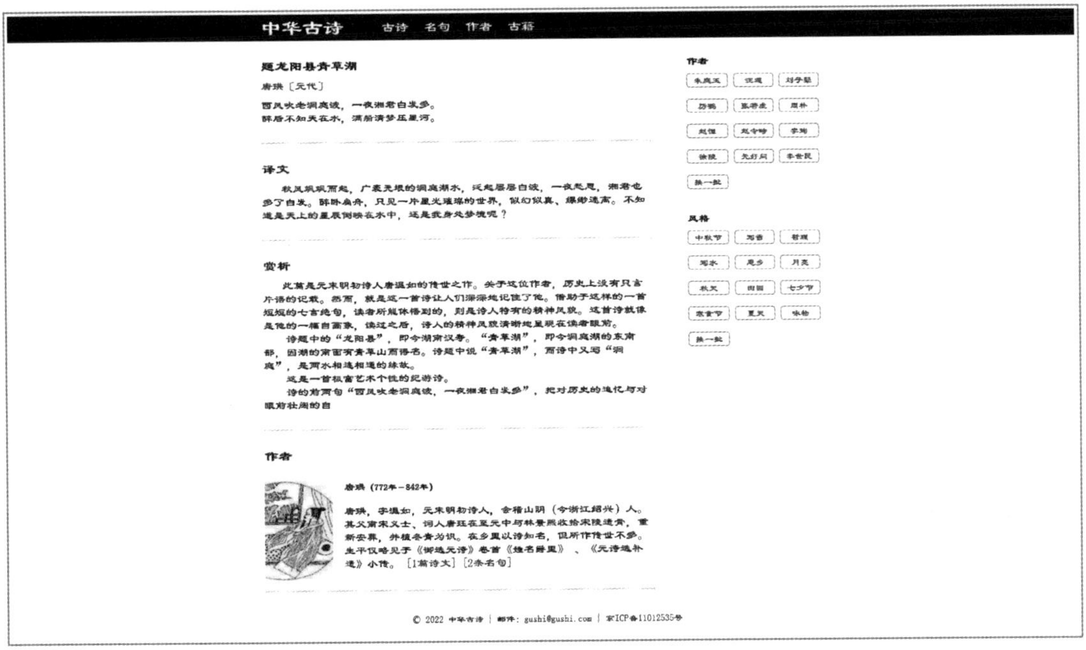

图 4-25　古诗详情页面

创建古诗详情页面的模板文件"古诗详情.html"，完整代码如下。

```
{% extends '基本.html' %}
{% block 标题 %}作者 - {{ 作者.姓名 }}{% endblock %}
{% block 页面内容 %}
<div class="list">
    <section>
        <h2>{{ 古诗.名称 }}</h2>
        <div>
            <p>
                <a href="/作者/{{ 古诗.作者.id }}" target="_blank">{{ 古诗.作者.姓名 }}</a>
                <a href="/朝代/{{ 古诗.作者.朝代 }}">[ {{ 古诗.作者.朝代 }} ]</a>
            </p>
            <p>
                {{ 古诗.诗句 | safe }}
```

```
            </p>
        </div>
    </section>
    <hr>
    <section>
        <h2>译文</h2>
        <p>
            {{ 古诗.译文赏析.译文 |safe }}
        </p>
    </section>
    <hr>
    <section>
        <h2>赏析</h2>
        <p>
            {{ 古诗.译文赏析.赏析 |safe }}
        </p>
    </section>
    <hr>
    <h2>作者</h2>
    <section class="author">
        {% if 古诗.作者.图片 %}
        <div>
            <img src="{{ MEDIA_URL }}{{ 古诗.作者.图片 }}">
        </div>
        {% endif %}
        <h3>
            <a target="_blank" href="/作者/{{ 古诗.作者.id }}">{{ 古诗.作者.姓名 }}</a>
            <small>（772 年-842 年）</small>
        </h3>
        <p>
            {{ 古诗.作者.简介 }}
            <a target="_blank" href="/古诗/作者/{{ 古诗.作者.id }}">［{{ 古诗.作者.相
关古诗.count }}篇诗文］</a>
            <a target="_blank" href="/名句/作者/{{ 古诗.作者.id }}">［{{ 古诗.作者.相
关名句.count }}条名句］</a>
        </p>
    </section>
    <hr>
```

```
</div>
<div class="sidebar">
    {% with 路径='/古诗' %}
    {% include '侧边_作者.html' %}
    {% include '侧边_风格.html' %}
    {% endwith %}
</div>
{% endblock %}
```

4.6.3　使用详情视图类——DetailView

Django 预置了详情视图类 "DetailView"，可以在代码中引入使用。

```
from django.views.generic import DetailView
```

在 "古诗详情" 类的上方创建 "详情视图" 类继承 "DetailView" 类。

```
class 详情视图(DetailView):
    def get_context_data(self, **kwargs):
        context = super().get_context_data(**kwargs)
        context['作者列表'] = 作者.objects.order_by('?')[:12]
        context['风格列表'] = 风格.objects.order_by('?')[:12]
        return context
```

再修改 "古诗详情" 类继承 "详情视图" 类。

```
class 古诗详情(详情视图):
    model = 古诗                        # 指定模型
    template_name = '古诗详情.html'      # 指定模板
```

因为我们已经在前面添加了古诗详情页面的路径规则，此时已经能够在浏览器中访问古诗详情页面。

4.7　开发作者详情页面

作者详情页面不仅包含作者详细信息，还包含作者的所有古诗作品列表，如图 4-26 所示。

所以，这个页面所对应的视图代码可以用两种方式实现。一种是列表视图为主，另一种是详情视图为主。

图 4-26　网站作者详情页面

4.7.1　创建模板文件

创建模板文件"作者详情.html"，完整代码如下。

```
{% extends '基本.html' %}
{% block 标题 %}作者 - {{ object.姓名 }}{% endblock %}
{% block 页面内容 %}
<div class="detail">
    <section class="author">
        {% if object.图片 %}
        <div>
            <img src="{{ MEDIA_URL }}{{ object.图片 }}">
        </div>
        {% endif %}
        <h3>
```

```
        {{ object.姓名 }}<a target="_blank" href="/朝代/{{ object.朝代 }}">[{{
object.朝代 }}]</a>
      </h3>
      <p>
        <small>
          {{ object.简介 }}
          <a target="_blank" href="/古诗/作者/{{ object.id }}">[{{ object.相
关古诗.count }}篇诗文]</a>
          <a target="_blank" href="/名句/作者/{{ object.id }}">[{{ object.相
关名句.count }}条名句]</a>
        </small>
      </p>
    </section>
    <hr>
    <h2>作品</h2>
    {% for 古诗 in page_obj.object_list %}
    <section>
      <h2><a target="_blank" href="{% url '古诗详情 古诗.id %}">{{ 古诗.名称 }}</a></h2>
      <div>
        <p>
          {{ 古诗.诗句 |safe }}
        </p>
      </div>
    </section>
    {% endfor %}
    <hr>
    {% include '分页.html' %}
</div>
<div class="sidebar">
    {% with 路径='/古诗' %}
    {% include '侧边_作者.html' %}
    {% include '侧边_风格.html' %}
    {% endwith %}
</div>
{% endblock %}
```

在示例代码中，作者数据对象的变量名称是"object"，古诗列表则是包含在页面对象
"page_obj"中，通过调取属性"object_list"获取。在编写视图类时相关命名要保持一致。

4.7.2　使用详情视图类

第一种方式是继承"详情视图"类。这种方式下，古诗列表的分页功能需要编写代码来完成。先引入 Django 自带的分页器类"Paginator"。

```
from django.core.paginator import Paginator
```

然后，编写"作者详情"类的代码。

```
class 作者详情(详情视图):
    model = 作者
    template_name = '作者详情.html'
    页码 = 1                      # 指定初始页码

    def get_context_data(self, ** kwargs):
        context = super().get_context_data(** kwargs)
        古诗数据 = 古诗.objects.filter(作者=context['object']).order_by('id')   # 从
上下文数据中获取作者对象进行古诗数据查询
        分页器 = Paginator(古诗数据, 10)          # 通过古诗数据创建分页器,每页 10 首古诗
        context['paginator'] = 分页器           # 将分页器存入上下文数据
        context['page_obj'] = 分页器.get_page(self.页码)
                                            # 从分页器获取页码对应的页面对象存入上下文数据
        return context

    def get(self, request, ** kwargs):
        self.页码 = request.GET.get('page')   # 获取请求信息中的页码参数
        响应 = super().get(request, ** kwargs)
        return 响应
```

示例代码中，重写了响应"GET"类型请求的"get"方法，目的是获取请求信息中的页码参数。因为"get"方法会调用"get_context_data"方法，所以页码的获取语句要写在调用父类"get"方法之前。这样在"get_context_data"方法中才能够正确获取"页码"数据。因为我们继承了"详情视图"类，作者数据对象会自动完成查询，并存入上下文数据中，通过"context['object']"即可获取。

在"get_context_data"方法中通过作者对象查询到的结果集（古诗数据）需要进行分页处理。使用 Django 的"Paginator"类，只需要传入结果集和分页数量参数，就能够创建分页器对象。将分页器以及当前页码对应的页面对象存入上下文数据中，即可在模板中进行调用。

最后，打开 Web 应用目录中的"urls.py"文件，添加以下路径规则。

```
path('作者/<int:pk>', views.作者详情.as_view(), name='作者详情'),
```

修改模板"首页.html"和"古诗详情.html"中的"作者详情"链接，代码如下。

```
<a href="{% url '朝代查询古诗' 古诗.作者.朝代 %}">[{{ 古诗.作者.朝代 }}]</a>
```

修改模板"作者.html"中的"作者详情"链接，代码如下。

```
<a href="{% url '作者详情' 作者.id %}" target="_blank">{{ 作者.姓名 }}</a>
```

至此，作者详情页面就能够进行访问了。

关于分页器"Paginator"类的属性与方法可以参考以下文档。

文档路径： /django-docs-4.1-zh-hans/ref/paginator.html。

段落标题：分页器。

4.7.3　使用列表视图类

如果不想编写分页器代码，可以采用第二种方式。让"作者详情"类继承"列表视图"类，就能够自动完成分页。但是，列表视图类默认会获取全部古诗数据，需要编写代码通过作者对象进行筛选。而且，作者对象的数据也需要编写代码进行获取。

```
class 作者详情(列表视图):
    model = 古诗
    template_name = '作者详情.html'
    ordering = 'id'
    paginate_by = 10                                          # 每页数量

    def get_context_data(self, **kwargs):
        context = super().get_context_data(**kwargs)
        context['object'] = self.作者                          # 将作者对象存入上下文数据
        return context

    def get_queryset(self):
        作者编号 = self.kwargs.get('pk', None)                 # 从参数中获取作者编号
        self.作者 = 作者.objects.get(id=作者编号)              # 通过作者编号获取作者数据对象
        查询结果 = 古诗.objects.filter(作者__id=作者编号).order_by('id')   # 通过作者编
号获取古诗数据
        return 查询结果
```

示例代码中，重写了获取结果集的"get_queryset"方法。首先，从参数字典中，通过"pk"键名获取了作者编号。

> **提示**
>
> 使用 "pk" 作为参数名称是因为要与第一种方式代码的参数名称保持一致。第一种方式继承了 Django 的 "DetailView" 类，默认获取名称为 "pk" 的参数作为查询参数。

然后，通过模型管理器的 "get" 方法获取了作者对象。并且又通过模型管理器的 "filter" 方法获取了作者的古诗数据。这里要注意，"filter" 方法的参数是 "作者__id"，"__" 由两根下划线组成，这是固定的格式。因为 "古诗" 模型类中 "作者" 字段也是模型类，所以能够通过 "__" 调用属性进行查询。采用这种方式编写代码，作者详情页面同样能够进行访问。

4.8 开发查询功能页面

中华古诗网站包含一些查询功能。例如，通过古诗的朝代链接时能够查询某个朝代所有的古诗。还有，右侧边栏中的链接也都是查询功能，需要我们逐步实现。

4.8.1 通过朝代查询古诗功能

古诗中的朝代链接类似于 "/朝代/元代"。单击链接之后，打开的查询页面与古诗页面相同，只是所有的古诗都是同一个朝代，如图 4-27 所示。

图 4-27 通过朝代查询古诗的结果页面

首先，编写名为"朝代查询古诗"的视图类。

```
class 朝代查询古诗(首页视图):
    def get_queryset(self):
        朝代 = self.kwargs.get('朝代', None)              # 获取朝代参数
        查询结果 = 古诗.objects.filter(作者__朝代=朝代).order_by('id')
                                                        # 根据朝代参数查询古诗

        return 查询结果
```

因为"朝代查询古诗"类的变量设置和"首页视图"类相同，所以可以直接继承"首页视图"类，仅需要重写获取结果集的方法。

通过视图对象的参数字典"kwargs"能够获取请求链接中的"朝代"参数。然后，根据获取的"朝代"参数编写新的查询语句，得到同一朝代古诗的结果集。

然后，在 Web 应用目录下的"urls.py"文件中添加新的路径规则。

```
path('朝代/<str:朝代>', views.朝代查询古诗.as_view(), name='朝代查询古诗'),
```

修改模板"首页.html"和"古诗详情.html"中的朝代链接，代码如下。

```
<a href="{% url '朝代查询古诗' 古诗.作者.朝代 %}">[{{ 古诗.作者.朝代 }}]</a>
```

修改模板"作者详情.html"中的朝代链接，代码如下。

```
<a target="_blank" href="{% url '朝代查询古诗' object.朝代 %}">[{{ object.朝代 }}]</a>
```

现在在网页中，就能够使用"朝代查询古诗"的功能了。

提示

> 结果集如果没有通过"order_by"方法排序，终端界面会出现警告信息：UnorderedObjectListWarning：Pagination may yield inconsistent results with an unordered object_list。这个警告可以忽略或者通过给结果集排序消除。

4.8.2　通过作者查询古诗功能

通过作者查询古诗的功能在古诗页面的右侧边栏。查询链接类似"/古诗/作者/1"。

在 Web 应用目录下的"urls.py"文件中添加新的路径规则。

```
path('古诗/作者/<int:作者编号>', views.作者查询古诗.as_view(), name='作者查询古诗'),
```

然后，编写名为"作者查询古诗"的视图类。这个视图类仍然继承"首页视图"类，并重写获取结果集的方法。

```
class 作者查询古诗(首页视图):
    def get_queryset(self):
```

```
        作者编号 = self.kwargs.get('作者编号', None)                    # 获取作者编号参数
        查询结果 = 古诗.objects.filter(作者__id=作者编号).order_by('id')  # 根据作者编
号参数查询古诗
        return 查询结果
```

修改模板"古诗详情.html"中的作者查询古诗链接，代码如下。

```
<a target="_blank" href="{% url '作者查询古诗' 古诗.作者.id %}">[{{ 古诗.作者.相关古
诗.count }}篇诗文]</a>
```

修改模板"作者详情.html"中的作者查询古诗链接，代码如下。

```
<a target="_blank" href="{% url '作者查询古诗' object.id %}">[{{ object.相关古诗.
count }}篇诗文]</a>
```

修改模板"作者.html"中的作者查询古诗链接，代码如下。

```
<a target="_blank" href="{% url '作者查询古诗' 作者.id %}">[{{ 作者.相关古诗.count }}
篇诗文]</a>
```

现在，在网页中能够使用"作者查询古诗"的功能了，如图 4-28 所示。

图 4-28　通过作者查询古诗的结果页面

4.8.3　通过风格查询古诗功能

通过风格查询古诗的功能也在古诗页面的右侧边栏中。查询链接类似"/古诗/风格/1"。
在 Web 应用目录下的"urls.py"文件中添加新的路径规则。

```
path('古诗/风格/<str:风格>', views.风格查询古诗.as_view(), name='风格查询古诗'),
```

然后，编写名为"风格查询古诗"的视图类。这个视图类仍然继承"首页视图"类，并重写
获取结果集的方法。

```
class 风格查询古诗(首页视图):
    def get_queryset(self):
        风格名称 = self.kwargs.get('风格', None)              # 获取风格参数
        查询结果 = 古诗.objects.filter(风格__名称=风格名称).order_by('id')  # 根据风格
参数查询古诗
        return 查询结果
```

现在，在网页中能够使用"风格查询古诗"的功能了，如图 4-29 所示。

图 4-29　通过风格查询古诗的结果页面

4.8.4　通过作者查询名句功能

通过作者查询名句的功能在名句页面的右侧边栏中。查询链接类似 "/名句/作者/1"。

在 Web 应用目录下的 "urls.py" 文件中添加新的路径规则。

```
path('名句/作者/<int:作者编号>', views.作者查询名句.as_view(), name='作者查询名句'),
```

然后，编写名为 "作者查询名句" 的视图类。这个视图类继承 "名句视图" 类，并重写获取上下文数据和获取结果集的方法。

```
class 作者查询名句(名句视图):
    def get_context_data(self, ** kwargs):
        context = super().get_context_data(** kwargs)
        context ['分类'] = self.名句作者.姓名        # 添加分类到上下文数据字典中
        return context

    def get_queryset(self):
        作者编号 = self.kwargs.get('作者编号', None)    # 获取作者编号参数
        self.名句作者 = 作者.objects.get(id=作者编号)    # 获取作者对象
        查询结果 = self.名句作者.相关名句.all()          # 通过作者对象关联管理器查询名句
        return 查询结果
```

修改模板 "古诗详情.html" 中的作者查询名句链接，代码如下。

```
<a target="_blank" href="{% url '作者查询名句' 古诗.作者.id %}">[{{ 古诗.作者.相关名句.count }}条名句]</a>
```

修改模板 "作者详情.html" 中的作者查询名句链接，代码如下。

```
<a target="_blank" href="{% url '作者查询名句' object.id %}">[{{ object.相关名句.count }}条名句]</a>
```

修改模板 "作者.html" 中的作者查询名句链接，代码如下。

```
<a target="_blank" href="{% url '作者查询名句' 作者.id %}">[{{ 作者.相关名句.count }}条名句]</a>
```

现在，在网页中能够使用 "作者查询名句" 的功能了，如图 4-30 所示。

图 4-30　通过作者查询名句的结果页面

4.8.5　通过风格查询名句功能

通过风格查询名句的功能也在名句页面的右侧边栏中。查询链接类似"/名句/风格/秋天"。

在 Web 应用目录下的"urls.py"文件中添加新的路径规则。

```
path('名句/风格/<str:风格>', views.风格查询名句.as_view(), name='风格查询名句'),
```

然后，编写名为"风格查询名句"的视图类。这个视图类继承"名句视图"类，并重写获取上下文数据和获取结果集的方法。

```
class 风格查询名句(名句视图):
    def get_context_data(self, ** kwargs):
        context = super().get_context_data(** kwargs)
        context ['分类'] = self.名句风格.名称          # 添加分类到上下文数据字典中
        return context

    def get_queryset(self):
```

```
风格名称 = self.kwargs.get('风格', None)        # 获取风格名称参数
self.名句风格 = 风格.objects.get(名称=风格名称)   # 获取风格对象
查询结果 = self.名句风格.相关名句.all()           # 通过风格对象关联管理器查询名句
return 查询结果
```

现在，在网页中能够使用"风格查询名句"的功能了，如图 4-31 所示。

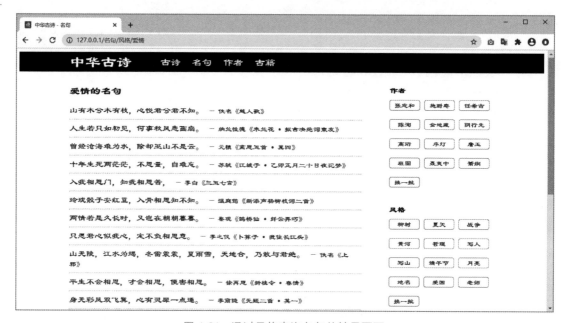

图 4-31　通过风格查询名句的结果页面

4.8.6　刷新右侧边栏数据功能

右侧边栏的作者模块和风格模块都有一个"换一批"按钮，点击的时候，模块内的数据会刷新（页面无刷新）。这样的功能需要结合 JS 代码实现。

jQuery 是一个快速、简洁的 JavaScript 框架，它封装了很多 JavaScript 常用的功能代码。我们在模板"基本.html"中引入 jQuery 文件，以便在所有页面中都能够调用。jQuery 文件可以下载后放入静态文件夹中使用，也可以直接使用网络文件。这里以使用网络文件为例。

在"head"标签中添加以下代码：

```
<script type="text/javascript" src="https://cdn.staticfile.org/jquery/3.6.3/
jquery.min.js"></script>
```

接下来，需要修改一下侧边栏两个模板的代码，并添加相应的视图函数与路径规则。首先修

改"侧边_作者.html"的代码。

```
<div id="author_list">
    <h3>作者</h3>
    {% for 作者 in 作者列表% }
    <a href="{{路径}}/作者/{{ 作者.id }}">{{ 作者.姓名 }}</a>
    {% endfor % }
    <span class="sidebar_button" on_click="get_author_data()">换一批</span>
</div>

<script>
function get_author_data(){
    var html = "<h3>作者</h3>"
    $.get("{% url '随机作者' %} ",function(data,status){
        for(var i=0;i<data.length;i++){
            html=html+'<a href="{{路径}}/作者/'+data[i][0]+'">'+data[i][1]+'</a>';
        }
        html=html+'<span class="sidebar_button" onclick="get_author_data()">换一
批</span>'
        document.getElementById('author_list').innerHTML=html;
    });
}
</script>
```

新的代码中，模块的"div"标签添加了"id"属性"author_list"，以便通过 JS 进行内容的重写。

因为单击"a"标签时会刷新页面，所以，"换一批"按钮使用了"span"标签，并添加了"on_click"属性，绑定了名为"get_author_data()"的 JS 函数。在原有代码的下方，新增了"script"标签，标签中编写了"get_author_data"函数代码。"get_author_data"函数用于重写"div"标签中的 HTML 代码。函数中通过"get"函数发送请求并获取返回的数据列表"data"和状态"status"。视图返回的数据列表"data"类似于：

[(300, '张耒'), (280, '杨炎正'), (464, '徐灿'), (120, '刘脊虚'), (638, '乐婉'), (403, '李好古'),
(525, '刘过'), (9, '秦观'), (358, '杨无咎'), (24, '李商隐'), (202, '司空图'), (767, '李慈铭')]

通过"for"循环，逐一取出数据列表中的数据，嵌入 HTML 代码语句中，连接已有的"html"形成新的 HTML 语句。当循环结束，将"html"与"换一批"按钮的 HTML 语句连接，通过"document"语句对"div"标签中的 HTML 进行覆盖。然后，编写视图代码。

因为通过 JS 代码发起请求，视图需要返回 Json（JavaScript Object Notation，JS 对象简谱）类型的数据。Django 预置了响应 JS 请求的"JsonResponse"类，可以在视图中引入使用。

```
from django.http import JsonResponse
```

编写名为 "随机作者" 的视图函数。

```
def 随机作者(request):
    作者列表 = 作者.objects.values_list('id', '姓名').order_by('?')[:12]
    数据序列 = list(作者列表)
    return JsonResponse(数据序列, safe=False)
```

在示例代码中，通过模型管理器的 "values_list" 方法获取指定字段的数据。QuerySet 类型的数据需要进行序列化封装为 "JsonResponse" 对象后返回，所以，使用 "list" 函数将数据转为列表。

最后，在 Web 应用的 "urls.py" 文件中添加路径规则。

```
path('随机作者/', views.随机作者, name='随机作者'),
```

此时，在网页中单击 "换一批" 按钮，就能够在页面无刷新的状态下刷新作者模块数据。

下面继续完成风格模块的刷新数据功能。这一次，我们先完成视图函数。与前面不同的是，这次我们使用 Django 内置的序列化工具对 QuerySet 进行序列化。在视图文件中引入 "serializers" 模块。

```
from django.core import serializers
```

编写名为 "随机风格" 的视图函数。

```
def 随机风格(request):
    风格列表 = 风格.objects.order_by('?')[:12]
    数据序列 = serializers.serialize('json', 风格列表)
    return JsonResponse(数据序列, safe=False)
```

这个视图函数返回的数据仍然是列表，但每个列表元素是字典格式。

```
[{"model":"中华古诗.风格", "pk":"咏物", "fields":{}}, {"model":"中华古诗.风格",
"pk":"清明节", "fields":{}}, {"model":"中华古诗.风格", "pk":"写山", "fields":
{}},...省略部分内容...]
```

这种格式的数据，在网页中需要用 "JSON" 的 "parse" 方法进行解析。解析后的数据 "objects" 能够通过索引获取其中的数据对象，并通过 "键" 获取值。

修改 "侧边_风格.html" 的代码。

```
<div id="style_list">
    <h3>风格</h3>
    {% for 风格 in 风格列表 %}
    <a href="{{路径}}/风格/{{ 风格.名称 }}">{{ 风格.名称 }}</a>
    {% endfor %}
    <span class="sidebar_button" onclick="get_syle_data()">换一批</span>
```

```
</div>
<script>
function get_syle_data(){
    var str = "<h3>风格</h3>"
    $.get("{% url '随机风格' %} ",function(data,status){
        var objects = JSON.parse(data);
        for(var i=0;i<objects.length;i++){
            str=str+'<a href="{{路径}}/风格/'+objects[i].pk+'">'+objects[i].pk+'</a>';
        }
        document.getElementById(' style _list ').innerHTML = str +'< span class = "
sidebar_button" onclick="get_syle_data()">换一批</span>';
    });
}
</script>
```

最后，在 Web 应用的"urls.py"文件中添加路径规则。

```
path('随机风格/', views.随机风格, name='随机风格'),
```

至此，风格模块数据刷新功能也完成了。

4.9　开发各类错误页面

如果访问网站的某一个页面不存在怎么办？例如：http://127.0.0.1/古诗/9999。现在能够看到一个简陋的错误页面，如图 4-32 所示。

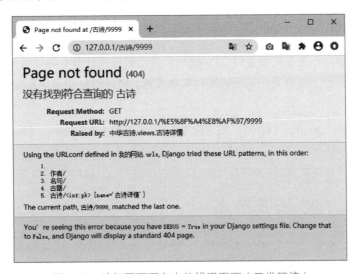

图 4-32　访问页面不存在的错误页面（开发环境）

图 4-32 是开发环境下的错误页面。我们需要把"settings.py"文件中的"DEBUG"选项值改为"False"，才能呈现生产环境（正式对外发布）下的错误页面，如图 4-33 所示。

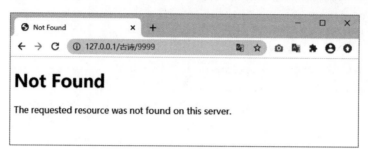

图 4-33　访问页面不存在的错误页面（生产环境）

这样的页面，主要问题不在于是否美观，而是可能让用户无所适从。这种情况下，我们应该给用户一些提示，婉转地让用户知道发生了什么问题。

4.9.1　编写 404 错误页面

页面不存在的错误代码是 404。添加一个名为"404.html"的模板文件，全部代码如下。

```
{% extends '基本.html' %}
{% block 标题 %}404 错误{% endblock %}
{% block 页面内容 %}
<div class="tip">
    <h2>页面穿越回古代了，一时回不来，先看看其他内容吧！</h2>
</div>
{% endblock %}
```

其实，当用户访问不存在的页面时，Django 会自动到模板目录中寻找名为"404.html"的模板文件。如果我们添加了这个文件，无需任何其他设置，就能够自动呈现出来。

> **注意**
> 一定要把"settings.py"文件的"DEBUG"选项设置为"False"，才能够显示自定义的 404 页面。

4.9.2　编写 500 错误页面

在调试程序时，经常出现程序异常的情况。用户在访问网站时，也有可能碰到这样的情况。对于用户来说，此时服务器出现了异常，如图 4-34 所示。

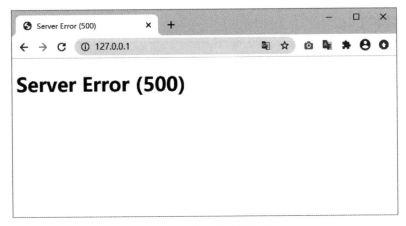

图 4-34　服务器异常页面

此时也需要编写一个页面，委婉地给用户以提示。添加一个名为"500.html"的模板文件，全部代码如下。

```
{% extends '基本.html' %}
{% block 标题 %}500 错误{% endblock %}
{% block 页面内容 %}
<div class="tip">
    <h2>服务器有点儿累了，稍后再给您提供服务！</h2>
</div>
{% endblock %}
```

和处理 404 错误一样，当添加了名为"500.html"的模板之后，Django 能够在程序异常时，自动寻找"500.html"文件并呈现给用户。

4.10　开发添加作者页面

数据库共有四种基本操作，分别是添加、删除、修改与查询。前面的页面与功能所用到的都是查询操作。接下来，我们尝试进行添加数据到数据库的操作。

4.10.1　创建模板文件

添加作者的页面中包含一个表单，用于获取用户的输入，如图 4-35 所示。
新建一个名为"添加作者.html"的模板文件，完整代码如下。

图 4-35　网站添加作者页面

```
{% extends '基本.html' %}
{% block 标题 %}添加作者{% endblock %}
{% block 页面内容 %}
<div class="form">
    <h2>添加作者</h2>
    <hr>
    <form enctype="multipart/form-data" id="author_form">
        <p>
            <label for="id_姓名">姓名:</label>
            <input type="text" name="姓名" autofocus="autofocus" maxlength="5"
required id="id_姓名">
        </p>
        <p>
            <label for="id_朝代">朝代:</label>
            <select name="朝代" required id="id_朝代">
                <option value="">---------</option>
```

```
            <option value="先秦" selected>先秦</option>
            <option value="两汉">两汉</option>
            <option value="魏晋">魏晋</option>
            <option value="南北朝">南北朝</option>
            <option value="隋代">隋代</option>
            <option value="唐代">唐代</option>
            <option value="五代">五代</option>
            <option value="宋代">宋代</option>
            <option value="元代">元代</option>
            <option value="明代">明代</option>
            <option value="清代">清代</option>
            <option value="近现代">近现代</option>
        </select>
    </p>
    <p>
        <label for="id_简介">简介:</label>
        <textarea name="简介" cols="40" rows="10" required id="id_简介">尚无简
介。</textarea>
    </p>
    <p>
        <label for="id_图片">图片:</label>
        <input type="file" name="图片" accept="image/* " id="id_图片">
    </p>
    <input class="button" type="button" onclick="save_data()" value="提交">
    </form>
</div>
<script>
function save_data(){
    var form = document.getElementById('author_form');
    var form_data = new FormData(form);
    $.ajax({
        type:'post',
        url:'/添加作者/',
        data:form_data,
        processData:false,
        contentType:false,
        beforeSend:function(xhr, setting){
            xhr.setRequestHeader('X-CSRFToken', '{{ csrf_token }}')
        },
```

```
        success: function(response){
            alert(response);
        }
    });
}
</script>
{% endblock %}
```

在示例代码中，"form" 标签包含两个必需的属性 "enctype" 和 "id"。"enctype" 属性用于图片数据上传，"id" 属性用于 JS 函数获取表单数据，以便提交到服务器。表单的提交按钮是一个 "input" 标签，"type" 属性是 "button"，"onclick" 属性是 JS 函数 "save_date"。也就是说，当这个表单按钮被单击时，会调用 "save_date" 函数向服务器提交表单数据。

"save_date" 函数中，先通过 "document" 语句获取表单对象 "form"，再通过表单对象创建表单数据对象 "form_data"。然后，通过 "ajax" 函数向服务器发送 "post" 类型（Type）的请求，请求地址（URL）是 "/添加作者/"，提交的数据是表单数据对象 "form_data"。

注意

在请求发送之前，需要为请求头的信息添加 "csrf_token"，避免伪造跨站请求的风险。这是 Django 默认需要添加的数据，否则，请求会被服务器拒绝。

最后，当数据提交被服务器成功（Success）接收时，执行匿名的回调函数，弹出响应信息。

4.10.2 编写视图函数

当直接访问地址 "http://127.0.0.1/添加作者/" 时，服务器会接收到 "GET" 类型的请求。当我们单击添加作者页面中的提交按钮时，服务器会接收到 "POST" 类型的请求。当服务器接收到 "GET" 类型请求时，需要返回 "添加作者" 的页面内容。当服务器接收到 "POST" 类型请求时，需要返回向数据库保存数据的结果信息。

创建名为 "添加作者" 的视图函数，完整代码如下。

```
from django.db.utils import DatabaseError        # 引入数据库错误异常类
def 添加作者(request):
    if request.method == 'GET':                    # 处理 GET 类型的请求
        return render(request, '添加作者.html')
    if request.method == 'POST':                   # 处理 POST 类型的请求
        响应信息 = '保存数据成功！'                    # 创建正常响应信息
        try:
```

```
        作者对象 = 作者()                                # 创建作者数据对象
        作者对象.姓名 = request.POST['姓名']             # 获取请求中的参数值存入对象属性
        作者对象.朝代 = request.POST['朝代']             # 同上
        作者对象.简介 = request.POST['简介']             # 同上
        作者对象.图片 = request.FILES.get('图片')        # 获取请求中的图片数据存入对象属性
        作者对象.save()                                 # 保存数据到数据库
    except DatabaseError:                              # 捕获数据库错误异常
        响应信息 = '保存数据失败！'                      # 创建异常响应信息
    return HttpResponse(响应信息)
```

示例代码中，在处理"POST"请求时，创建了模型类的对象，对属性赋值后，通过"save"方法完成了将数据保存到数据库的操作。还有一种等效的方法是通过模型管理器保存数据。

```
作者.objects.create(姓名=request.POST['姓名'], 朝代=request.POST['朝代'], 简介=request.POST['简介'], 图片=request.FILES.get('图片'))
```

模型管理器除了保存数据的方法，还有一些其他的方法在满足其他需求时非常实用。例如"get_or_create"方法，它的作用是对数据库进行查询，如果已存在数据记录就进行获取，否则创建新的数据对象。

文档路径：/django-docs-4.1-zh-hans/ref/models/querysets/.html。

段落标题：QuerySet API。

最后，在 Web 应用的"urls.py"文件中添加路径规则。

```
path('添加作者/', views.添加作者, name='添加作者'),
```

至此，就能够通过编写的页面添加作者的数据了。

4.10.3　使用自定义字段

添加作者的功能存在一个明显的问题，即便我们没有填写作者的姓名，数据也能够提交保存。这肯定不是我们期待的结果。造成这个问题的原因是，空字符串能够通过非空字段的验证。如果不想让空字符串通过非空验证，可以将空字符串转为 None 值。这需要在"models.py"文件中重新定义一个字段类，类名可以叫作"字符字段"。这个类继承"CharField"类，并重写"get_prep_value"方法。当父类的"get_prep_value"方法返回值为空字符串时，当前方法返回值设为 None 值。

```
class 字符字段(models.CharField):
    def get_prep_value(self, value):
```

```
    value = super().get_prep_value(value)
    if value == '':
        return None
    return value
```

然后，将"作者"类中的"姓名"字段修改为自定义字段。

```
姓名 = 字符字段(max_length=5)
```

如此处理之后，再次通过网页提交数据时，如果姓名是空值，就会返回"数据提交失败！"的提示。

4.10.4 使用表单——Form

Django 完全考虑到了这种常见的表单操作，为我们预置了 "forms" 模块，以便快速完成表单的创建，以及对提交的表单数据进行处理。

使用 Django 的表单，需要在 Web 应用目录中新建一个名为" forms.py "的文件，如图 4-36 所示。

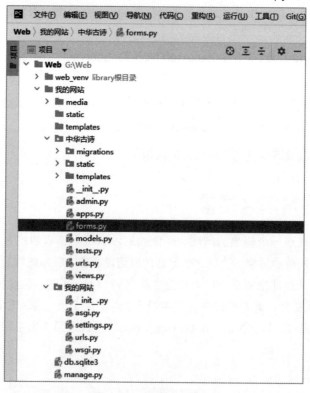

图 4-36　新建表单模块

在新建的文件中引入 Django 的表单模块 "forms"。

```
from django import forms
```

然后，编写表单类，例如名为 "作者表单"。表单字段与模型类中的字段相对应，代码如下。

```
class 作者表单(forms.Form):
    朝代选项 = (
        ('先秦', '先秦'),
        ('两汉', '两汉'),
        ('魏晋', '魏晋'),
        ('南北朝', '南北朝'),
        ('隋代', '隋代'),
        ('唐代', '唐代'),
        ('五代', '五代'),
        ('宋代', '宋代'),
        ('元代', '元代'),
        ('明代', '明代'),
        ('清代', '清代'),
        ('近现代', '近现代'),
    )
    姓名 = forms.CharField(label='姓名', max_length=5, min_length=2,
                        widget=forms.TextInput(attrs={'autofocus':'autofocus'}))
    朝代 = forms.ChoiceField(label='朝代', choices=朝代选项)
    简介 = forms.CharField(label='简介', widget=forms.Textarea(attrs={'cols':'150',
'rows':'10'}))
    图片 = forms.ImageField(label='图片', required=False)
```

在示例代码中，每一个字段都是 "forms" 模块中字段类的实例。

"姓名" 是 "CharField" 字段。参数中指定了页面中当前字段显示的文字标签（label），以及字段值的最大长度（max_length）和最小长度（min_length）。同时，指定了当前字段将转换为页面中的文本输入（TextInput）控件（widget），并带有自动获取焦点（autofocus）的属性，也就是在 "添加作者" 页面打开时，需要光标自动进入输入姓名的文本框中。

"朝代" 是 "ChoiceField" 字段。这个字段默认会转换为页面中的下拉列表控件，列表中包含的选项通过 "choices" 参数进行指定。

"简介" 是 "CharField" 字段。因为这个字段需要转换为多行文本输入的控件，所以指定为文本域（Textarea）控件，并指定行（rows）与列（cols）的尺寸。

"图片" 是 "ImageField" 字段，这个字段默认会转换为选取本地文件的控件。因为不是所有作者都有肖像图片，所以参数中指定这个字段非必需（required）提供。

速学 Django：Web 开发从入门到进阶

当完成表单类的定义之后，我们可以在视图函数中使用这个表单类。先在视图文件"views.py"中引入表单类。

```
from .forms import 作者表单
```

重新编写视图函数"添加作者"的代码如下。

```
def 添加作者(request):
    if request.method == 'GET':                               # 打开页面时为 GET 请求
        表单 = 作者表单()                                       # 创建表单对象
        表单['朝代'].initial = '先秦'                           # 指定默认选项
        表单['简介'].initial = '尚无简介。'                      # 指定默认文字内容
        return render(request, '作者表单.html', {'表单': 表单})  # 将表单与模板整合为页面
    if request.method == 'POST':                              # 提交数据时
        表单 = 作者表单(data=request.POST, files=request.FILES)  # 将提交数据组织为表单
        if 表单.is_valid():                                     # 验证表单有效性
            try:
                作者对象 = 作者(**表单.cleaned_data)            # 使用清洁的表单数据创建模型对象
                作者对象.save()                                  # 保存数据记录到数据库
                return HttpResponse('数据提交成功！')            # 返回成功信息
            except DatabaseError:
                ...
        return HttpResponse('数据提交失败！')                    # 返回失败信息
```

示例代码仍然分为两个部分。

第一部分处理"GET"类型的请求，创建一个空的表单，并指定表单控件的一些默认值后，将"表单"数据与"作者表单.html"模板整合为页面内容返回。

第二部分处理"POST"类型的请求，将用户提交的表单数据创建为表单对象，并进行有效性验证。如果验证成功则通过表单的清洁数据创建模型对象，并保存到数据库中，返回处理成功的信息。如果验证不成功或模型对象处理出现异常，返回处理失败的信息。

接下来，再添加一个名为"作者表单.html"的模板，全部代码如下。

```
{% extends '基本.html' %}
{% block 标题 %}添加作者{% endblock %}
{% block 页面内容 %}
<div class="form">
    <h2>添加作者</h2>
    <hr>
    <form method="post" enctype="multipart/form-data">
        {% csrf_token %}
        {{ 表单.as_p }}
```

```
            <input class="button" type="submit" value="提交">
        </form>
    </div>
{% endblock %}
```

这同样是一个添加作者的模板。不过，"form"标签中的内容非常简单。"csrf_token"标签能够向页面写入一段用于提交数据的密钥，防止跨站请求风险。Django 接收到请求时会对密钥进行验证，如果密钥无效或未提交密钥，Django 将拒绝这个请求。"表单.as_p"能够将视图传来的数据用一组"p"标签添加到页面代码中。这只是将表单添加到模板的一种方法，其他还有"表单.as_table"等方法。可以根据需求选择使用。

至此，就能够使用新的视图函数与模板完成同样的功能了。

4.10.5　使用模型表单——ModelForm

前面的示例中，使用表单的方法所编写的代码量看起来也不少。其实，还可以继续进行优化。比如减少表单类代码量。

重新编写"作者表单"类，这一次继承"forms.ModelForm"类。因为表单字段与模型字段完全对应，所以表单类的代码可以非常简洁。

```
class 作者表单(forms.ModelForm):          # 继承 ModelForm 类
    class Meta:
        model = 作者                      # 指定模型类
        fields = '__all__'               # 声明表单包含模型的全部字段
```

在示例代码中，通过在元类（Meta）中指定对应的模型类以及所要包含的字段（可以是字段名称列表）。包含全部字段时通过"__all__"来表示。

不过，在创建表单类时，还要考虑一些额外的需求。例如，页面打开时，光标要进入姓名的输入框；朝代列表需要指定默认选项。这些需求，需要编写相应的代码来完成。全部代码如下。

```
class 作者表单(forms.ModelForm):              # 继承 ModelForm 类
    def __init__(self, *args, **kwargs):
        super().__init__(*args, **kwargs)
        self.initial['朝代'] = '先秦'         # 初始化函数中指定默认选项

    class Meta:
        model = 作者                          # 指定模型类
        fields = '__all__'                   # 声明表单包含模型的全部字段
        widgets = {
```

```
            '姓名': forms.TextInput(attrs={'autofocus':'autofocus'}),  # 指定控件并设
定属性
        }
```

至此，新编写的表单类能完成同样的工作。

如果需要了解更多关于模型表单的内容，可以参考官方文档。

文档路径：/django-docs-4.1-zh-hans/topics/forms/modelforms.html。

段落标题：从模型创建表单。

4.10.6　使用通用编辑视图类——CreateView

"添加作者"的视图函数需要我们自己编写？其实不用这么麻烦！Django 预置了通用编辑视图，通过非常简单的设置就能够实现相同的功能。

首先，引入通用编辑视图类。

```
from django.views.generic.edit import CreateView
```

然后，编写名为"添加作者"的视图类，继承"CreateView"类。

```
class 添加作者(CreateView):
    template_name = '作者表单.html'        # 指定模板文件
    model = 作者                           # 指定模型类
    fields = '__all__'                     # 指定页面表单包含的字段
    success_url = '/'                      # 指定提交成功后跳转的链接
```

"CreateView"类能够自动根据指定的模型（model）与字段（fields）组织表单对象传递到模板。在模板中，通过变量"form"就能够读取表单数据。所以，**需要将模板文件"作者表单. html"稍做修改，将原语句"{{ 表单.as_p }}"改为"{{ form.as_p }}"。**

另外，通过"success_url"能够指定成功提交数据后跳转的地址。如果不想在这里设置，也可以在"作者"模型类中添加如下代码。

```
def get_absolute_url(self):
    return reverse('作者详情', kwargs={'pk': self.pk})        # 反向解析到作者详情路径
```

然后，在 Web 应用的"urls.py"文件中修改"添加作者"的路径规则。

```
path('添加作者/', views.添加作者.as_view(), name='添加作者'),
```

至此，就能使用"添加作者"的功能了。但是，目前所呈现的页面有些不符合需求。页面打开时光标没有进入姓名的输入框，朝代的默认选项也不是"先秦"。

在我们自己编写的表单类中已经解决了这些问题，但是现在页面呈现的是 Django 自动根据字段创建的表单，所以还存在这些问题。解决的办法就是让 Django 使用我们编写的表单类

（formclass）。新的代码如下。

```
class 添加作者(CreateView):
    template_name = '作者表单.html'        # 指定模板文件
    model = 作者                          # 指定模型类
    form_class = 作者表单                  # 指定表单类
```

新代码简单有效！现在呈现的页面已经和之前完全一致。只是还有一些区别。

最早，我们是通过 JS 函数进行的提交，提交结果会以弹出框的形式在原页面中出现。

如果还需要这样的效果，如何实现？

我们先将表单指定为带有 JS 函数的表单，再重写表单有效与无效时的两个方法。全部代码如下。

```
class 添加作者(CreateView):
    template_name = '添加作者.html'         # 指定带有 JS 函数的模板文件
    model = 作者
    form_class = 作者表单

    def form_invalid(self, form):          # 表单无效的处理方法
        return HttpResponse('保存数据失败！')   # 返回失败信息

    def form_valid(self, form):            # 表单有效的处理方法
        super().form_valid(form)           # 调用父类方法处理表单
        return HttpResponse('保存数据成功！')   # 返回成功信息
```

到这里，就通过通用编辑视图类实现了原有的添加数据效果。

4.11　开发更新作者页面

Django 的通用编辑视图类不仅仅提供添加数据的"CreateView"类，还提供了其他常用的编辑视图类，包括更新数据的"UpdateView"和删除数据的"DeleteView"，以及仅进行表单数据验证不直接向数据库提交数据的"FormView"。

这里我们仅尝试使用"UpdateView"。其他视图可以通过官方文档进行了解。

文档路径：/django-docs-4.1-zh-hans/ref/class-based-views/generic-editing.html。

段落标题：通用编辑视图。

4.11.1　使用更新视图类——UpdateView

使用"UpdateView"类与使用"CreateView"类相似。先引入编辑视图类。

```
from django.views.generic.edit import UpdateView
```

然后，编写名为"更新作者"的视图类，继承自"UpdateView"类。

```
class 更新作者(UpdateView):
    template_name = '更新作者.html'
    model = 作者
    fields = '__all__'              # 或者字段列表 ['姓名', '朝代']
    # form_class = 作者表单          # 与 fields 二选一
    # success_url = '/'             # 提交成功后跳转的链接
```

一般来说，更新操作成功之后，仍然回到原页面。这个需求可以重写"get_success_url"方法来实现，代码如下。

```
def get_success_url(self):
    return self.kwargs['pk']
```

另外，数据保存成功或失败都需要在页面中给出提示。这个需求可以通过重写"form_valid"和"form_invalid"方法来实现。这里还需要使用 Django 的消息框架。

先引入 Django 的消息模块。

```
from django.contrib import messages
```

然后，重写相关方法。

```
def form_valid(self, form):
    响应 = super().form_valid(form)              # 执行父类方法
    成功消息 = '保存数据成功！'
    messages.success(self.request, 成功消息)      # 添加消息到消息集合
    return 响应

def form_invalid(self, form):
    响应 = super().form_invalid(form)
    失败消息 = '保存数据失败。请检查表单！'
    messages.error(self.request, 失败消息)
    return 响应
```

这样处理之后，模板中就能够通过"messages"标签获取消息内容。

4.11.2 创建模板文件

创建名为"更新作者.html"的模板文件，全部代码如下。

```
{% extends '基本.html' %}
{% block 标题 %}更新作者{% endblock %}
{% block 页面内容 %}
<div class="form">
    <h2>更新作者</h2>
    <hr>
    <form method="post" enctype="multipart/form-data">
        {% csrf_token %}
        {{ form.as_p }}
        <input class="button" type="submit" value="提交">
        {% if messages %}
        {% for message in messages %}
        <span class="{{ message.tags }}">{{ message }}</span>
        {% endfor %}
        {% endif %}
    </form>
</div>
{% endblock %}
```

示例代码中 "messages" 是消息列表，即便只有一条消息，也必须通过 "for" 标签进行遍历。通过遍历得到的消息对象 "message" 可以直接呈现到页面中。消息对象 "message" 带有 "tags" 属性，包括我们使用的 "success" 和 "error"，另外还有 "info" "warning" 以及 "debug"。在示例代码中，将 "class" 属性值设置为 "message.tags"，是为了能够通过 "tags" 名称调用样式表中预先编写好的同名样式类。

最后，在 Web 应用的 "urls.py" 文件中添加路径规则。

```
path('更新作者/<pk>', views.更新作者.as_view(), name='更新作者'),
```

至此，更新作者的页面就可以正常使用了。在保存数据时，提交按钮旁边能够给出相应的文字提示，如图 4-37 所示。

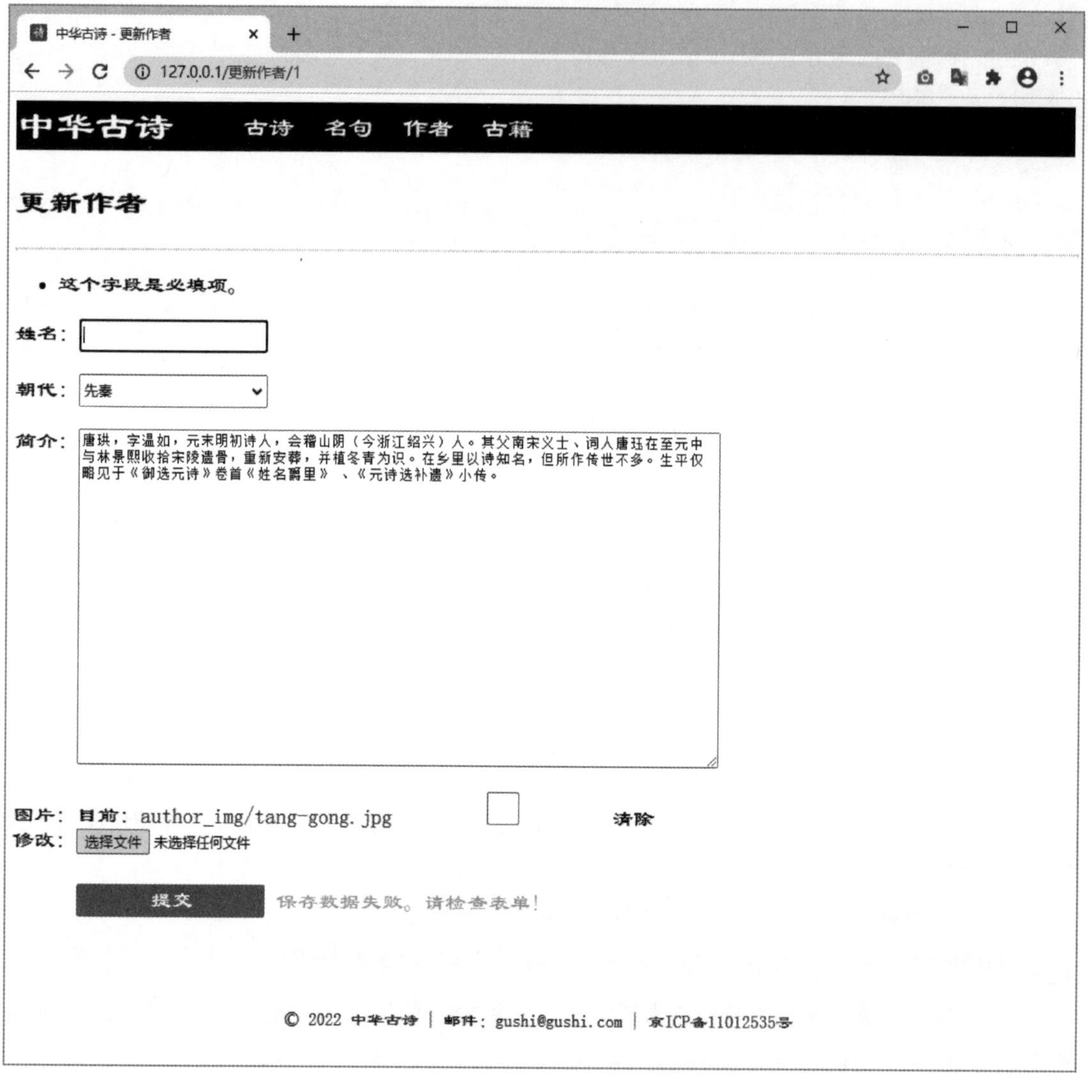

图 4-37　网站更新作者页面

第 5 章
定制管理后台

在上一章中，我们开发添加作者和更新作者的页面，都是网站后台功能页面。如果没有特别需求，这些页面实际上都不用我们来实现。Django 自身已经集成了一个非常强大的后台管理系统，我们只需要进行一些设置，就能够直接使用。

5.1 启用 Django 后台

执行命令：`python manage.py runserver 80`

打开地址 http://127.0.0.1/admin/。

现在所看到的就是 Django 的后台登录页面，如图 5-1 所示。

图 5-1 Django 后台登录页面

第三次提示，如果页面不是中文，需要在"settings.py"修改语言设置。

`LANGUAGE_CODE = 'zh-hans'`

同时，建议修改时区设置。

```
TIME_ZONE = 'Asia/Shanghai'
```

5.1.1 创建超级用户

Django 后台需要通过账号和密码进行登录。登录账号可以通过命令创建，如图 5-2 所示。

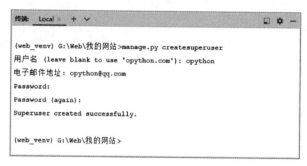

图 5-2   创建超级用户

执行命令：`python manage.py createsuperuser`

依次输入用户名、邮箱地址和两次密码就能够完成超级用户的创建。

如果想修改设置的密码，输入命令：`python manage.py changepassword 用户名`

此时，在数据库的"auth_user"表中出现了一条新的数据记录，就是刚刚创建的超级用户的相关信息，如图 5-3 所示。

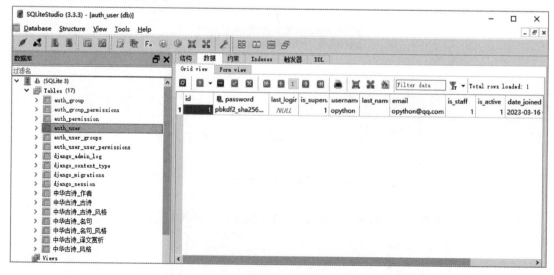

图 5-3   数据库中的用户信息

5.1.2 访问后台页面

在 Django 后台的登录页面中，输入用户名和密码就进入后台首页，如图 5-4 所示。

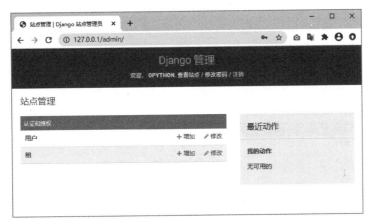

图 5-4 Django 后台首页

首页中，目前只有"认证和授权"模块，能够对用户和组进行管理。

用户：包括用户的创建、删除、信息修改、权限分配等。

组：创建不同的组别，给予相应的权限，就能够将用户划分到不同的组中，拥有相应的权限，适合大量用户的权限管理。

5.2 定制 Django 后台

我们期望能够在后台中管理网站的各类数据，所以，需要根据需求定制相应的管理模块。

5.2.1 自定义后台列表

如果想在 Django 的后台中管理网站数据，需要先将模型类进行注册。

在 "admin.py" 文件中编写注册模型类的代码，具体代码如下。

```python
from django.contrib import admin
from .models import *


admin.site.register(作者)
admin.site.register(古诗)
```

```
admin.site.register(名句)
admin.site.register(风格)
```

此时，在后台首页能够看到每个模型类的名称，后面还带了一个调皮的 S，看着不伦不类，如图 5-5 所示。

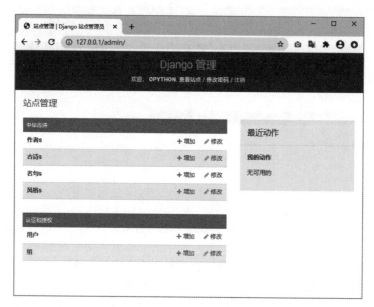

图 5-5　注册模型类之后的后台首页

如果想去除模型名称后方的字母"S"，需要在模型类的子类"Meta"中设置"verbose_name_plural"的名称。

以"古诗"类为例。

```
class Meta:
    verbose_name_plural = '古诗'
```

添加了以上代码之后，模型名称后方的"S"就被取消了。

单击模型名称能够打开相应的列表。以"作者"为例，如图 5-6 所示。

模型类的"Meta"类中，包含元数据选项，通过这些选项能够满足一些开发需求。例如，让数据库查询结果根据"id"升序排列，只需要在"Meta"类中添加如下选项。

```
ordering = ['id']
```

如果需要了解更多关于元数据选项的内容，可以参考官方文档。

文档路径：/django-docs-4.1-zh-hans/ref/models/options.html。

段落标题：模型 Meta 选项。

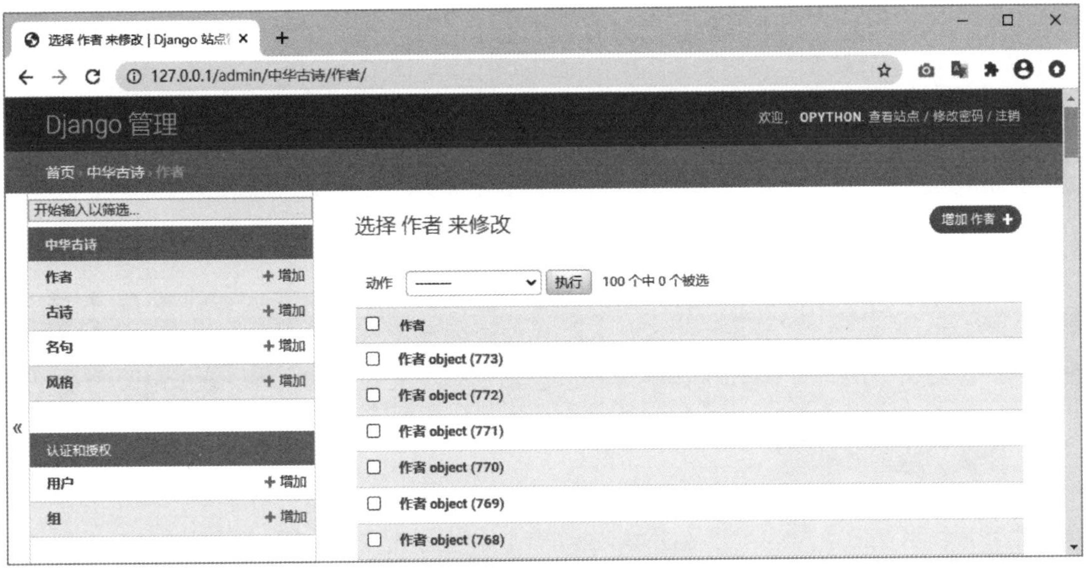

图 5-6　Django 后台作者列表页面

当前作者列表页面中，每一个作者显示的都是"作者 object（id）"。而我们期望能够将每一个字段能够显示出来。这需要在"admin.py"文件中创建模型管理类，指定需要呈现的字段。

模型管理类都继承"ModelAdmin"类，指定模型字段显示列表"list_display"，代码如下。

```
class 作者管理(admin.ModelAdmin):
    list_display = ('姓名', '朝代', '简介', '图片')


class 古诗管理(admin.ModelAdmin):
    list_display = ('名称', '作者')


class 名句管理(admin.ModelAdmin):
    list_display = ('诗句', '出处', '作者')


class 风格管理(admin.ModelAdmin):
    list_display = ('名称',)
```

然后，删除之前的注册语句，添加新的注册语句。

```
admin.site.register(作者, 作者管理)
admin.site.register(古诗, 古诗管理)
admin.site.register(名句, 名句管理)
admin.site.register(风格, 风格管理)
```

速学 Django：Web 开发从入门到进阶

注册模型也可以通过装饰器来实现。以作者模型为例。

```
@admin.register(作者)
class 作者管理(admin.ModelAdmin):
    list_display = ('姓名', '朝代', '简介', '图片')
```

至此，列表页面中已经显示指定的字段，如图 5-7 所示。

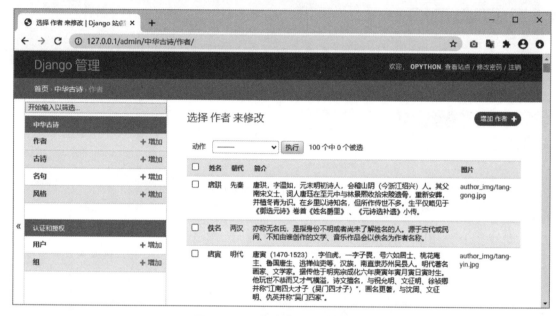

图 5-7　显示指定字段的列表页面

因为模型类字段名称使用的是中文，所以列表中的字段名称（列名）直接显示了中文。如果模型类字段使用了英文，那么，需要在字段的首个参数中指定显示的名称。类似如下代码。

```
name = models.CharField('姓名',max_length=5)
```

或者：

```
name = models.CharField(verbose_name='姓名', max_length=5)
```

也就是说，模型字段的"verbose_name"参数所设置的是页面中显示的列名。

5.2.2　自定义字段显示

作者列表中，作者简介的文字数量较多，显示页面太过拥挤。为了页面更加简洁，可以让简介只显示 50 个文字，超出部分以省略号"…"代替。实现这样的效果，有两个解决办法。

108

第一个办法是在"models.py"文件中，为模型类添加一个方法，对简介字段内容进行处理。例如，添加一个名为"部分简介"的方法。

```
class 作者(models.Model):
    ...省略部分代码...

    def 部分简介(self):                          # 添加方法
        if len(str(self.简介)) > 50:             # 如果简介字数超过 50
            return f'{self.简介[0:50]}...'        # 截取前 50 个字符并连接省略号后返回
        else:                                    # 否则
            return self.简介                      # 原样返回
    部分简介.short_description = '简介'            # 设置函数描述,即页面中显示的列名

    class Meta:
        ...省略部分代码...
```

在"admin.py"文件中，将显示的字段改为"部分简介"。

```
class 作者管理(admin.ModelAdmin):
    list_display = ('姓名', '朝代', '部分简介', '图片')
```

第二个办法是在"admin.py"文件中，为模型管理类添加相同的方法。

```
class 作者管理(admin.ModelAdmin):
    list_display = ('姓名', '朝代', '部分简介', '图片')      # 简介字段名称为方法名称

    def 部分简介(self, 作者):                              # 通过作者参数接收每一个作者数据对象
        if len(str(作者.简介)) > 50:
            return f'{作者.简介[0:50]}...'
        else:
            return 作者.简介

    部分简介.short_description = '简介'
```

此时，我们能够看到界面中的简介内容变得非常精简，如图 5-8 所示。

此时，打开古诗列表页面，如图 5-9 所示。

这里的作者字段显示的还是"作者 object（id）"，而我们想要显示的是作者的姓名。

这个问题很好解决。在"models.py"文件中，重写模型类的"__str__"方法，代码如下。

```
def __str__(self):                    # 重写方法
    return self.姓名                   # 返回姓名字段值
```

图 5-8　调整简介字段后的作者列表页面

图 5-9　Django 后台古诗列表页面

> **提示**
>
> 古诗、风格的模型类也需要进行类似的处理，以便在相关列表中显示正确的名称。

5.2.3　关联数据设置

每一首古诗都有对应的译文赏析。在古诗编辑页面中应该能够同时对译文赏析进行编辑。但是，现在的古诗编辑页面，并没有译文赏析的内容，如图 5-10 所示。

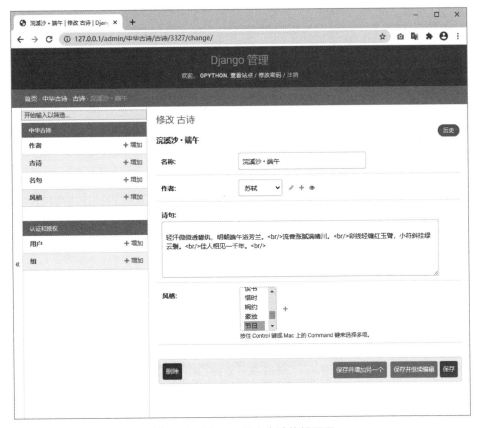

图 5-10　Django 后台古诗编辑页面

实现这个需求，需要在"admin.py"文件中添加一些代码。

```
class 关联译文赏析(admin.StackedInline):          # 声明叠加的模型
    model = 译文赏析
```

```
@admin.register(古诗)
class 古诗管理(admin.ModelAdmin):
    list_display = ('名称', '作者')
    inlines = [关联译文赏析]    # 添加到当前模型管理中
```

另外，在译文赏析模型类中，重写 "__str__" 方法。

```
def __str__(self):
    return self.古诗.__str__()
```

现在，古诗编辑页面中已经包含了译文赏析的内容，如图 5-11 所示。

图 5-11　包含译文赏析的古诗编辑页面

5.2.4　使用富文本编辑器——TinyMCE

古诗、译文以及赏析内容中都包含 HTML 标签，例如换行 "br" 标签和段落 "p" 标签。这些是使用富文本编辑器所生成的内容。所以，在后台编辑页面中编辑这些内容时，也需要使用富文本编辑器，才能让内容带有需要的样式。

　　Django 能使用的富文本编辑器有 CKEditor、SummerNote 以及 TinyMCE 等。这里以TinyMCE 为例，为 Django 的编辑页面添加富文本编辑器。

　　首先，安装 TinyMCE。

　　执行命令：`pip install django-tinymce`

　　然后，在 "settings.py" 文件中添加相应配置。

```
INSTALLED_APPS = (
...省略其他内容...
'tinymce',
)
```

　　还要在项目的 "urls.py" 文件中添加相应路径规则。

```
urlpatterns = [
    path(", include('中华古诗.urls')),
    path('admin/', admin.site.urls),
    path('tinymce/', include('tinymce.urls')),  # 添加富文本编辑器的路径规则
]
```

　　最后，在项目的 "models.py" 文件中引入 TinyMCE 的字段类。

```
from tinymce.models import HTMLField
```

　　并修改所有需要使用富文本编辑器编辑的字段。（以下字段在不同模型类中）

```
诗句 = HTMLField(unique=True)
译文 = HTMLField(default='尚无译文。')
赏析 = HTMLField(default='尚无赏析。')
```

　　现在，在 Django 后台的编辑页面中，就能够使用富文本编辑器了，如图 5-12 所示。

　　只是，富文本编辑器当前的语言是繁体中文，需要添加配置将其改为简体中文。

　　在 "settings.py" 文件中添加以下内容。

```
TINYMCE_DEFAULT_CONFIG = {
    "theme": "silver",
    "height": 300,
    "menubar": False,
    "plugins": "advlist,autolink,lists,link,image,charmap,print,preview,anchor,"
            "searchreplace,visualblocks,code,fullscreen,insertdatetime,media,
table,paste,"
            "code,help,wordcount",
```

```
"toolbar": "undo redo | formatselect |"
        "bold italic backcolor | alignleft aligncenter "
        "alignright alignjustify | bullist numlist outdent indent |"
        "removeformat | help",
'language': 'zh_CN',
}
```

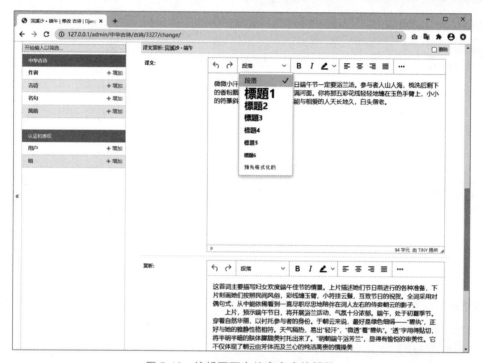

图 5-12　编辑页面中的富文本编辑器

在示例代码中，"language"为语言设置，其他为 TinyMCE 的一些默认设置，可以根据需求进行修改。

5.2.5　使用 Django 美化主题

Django 后台的默认样式比较普通，需要进行一些美化。

安装 Django 的主题程序"SimpleUI"。

执行命令：`pip install django-simpleui`

安装完成后，在"settings.py"文件中添加相应配置。

```
INSTALLED_APPS = (
'simpleui',
...省略其他内容...
)
```

注 意

要把"SimpleUI"的名称放在"Admin"的条目之前，如图 5-13 所示。

```
INSTALLED_APPS = [
    '中华古诗',
    'simpleui',  # 必须在admin上方
    'tinymce',
    'django.contrib.admin',  # 必须在simpleui下方
    'django.contrib.auth',
    'django.contrib.contenttypes',
    'django.contrib.sessions',
    'django.contrib.messages',
    'django.contrib.staticfiles',
]
```

图 5-13　添加美化主题配置代码

现在，Django 的后台登录界面以及后台管理页面都已经改变为新的样式，如图 5-14 所示。

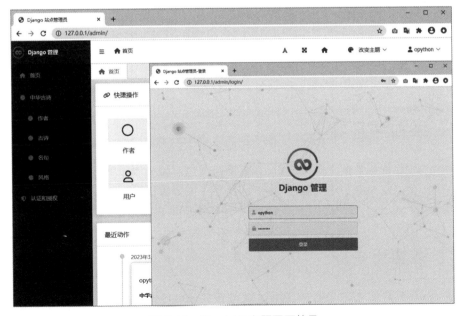

图 5-14　SimpleUI 主题页面效果

另外，还可以自定义管理后台的名称，以及浏览器标签上显示的标题，如图 5-15 所示。

图 5-15　自定义后台名称与标题

只需要在 "admin.py" 文件中添加如下代码。

```
admin.site.site_header = "中华古诗发布管理"          # 显示在后台页面左上角
admin.site.site_title = "中华古诗管理后台"           # 显示在浏览器标签
```

5.3　后台权限管理

Django 后台自带权限管理系统，能够非常方便地为用户或用户组指派权限。

5.3.1　添加用户组

在 Django 后台首页单击"组"选项，就能够打开用户组列表。单击"增加组"按钮能够创建新的用户组。例如，创建一个"游客"组，仅给予一些查看权限，如图 5-16 所示。

当创建了用户组之后，就可以在创建新用户时指定新用户到用户组，获取该用户组指定的权限。

5.3.2　添加用户

在 Django 后台首页单击"用户"选项，就能够打开用户列表。目前，只有当前登录的超级用户。单击"增加用户"按钮能够创建新的用户，如图 5-17 所示。

图 5-16　创建用户组

图 5-17　创建新用户

当输入用户名和密码并单击保存按钮之后，会进入新的编辑页面。在新的页面中可以填写姓名、邮箱等个人信息，如果允许该用户登录访问后台，需要勾选"工作人员状态"选项，也能够在这里将用户指定为超级用户。

另外，在这个页面中可以进行权限指派，能够将用户指定到某个用户组，或者单独为用户指派某些权限，如图 5-18 所示。

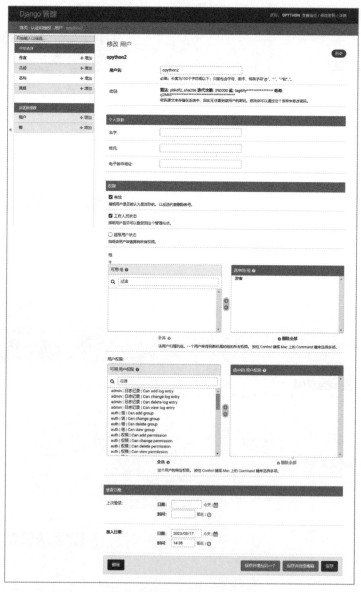

图 5-18　用户信息与权限编辑

第 6 章
Web 项目部署

我们一直在使用 Django 的简易 HTTP 服务器，这个服务器只能用于开发环境。如果想正式对外发布 Web 项目，让互联网上的其他用户能够访问，还需要进行 Web 项目部署。

6.1　Windows 部署

如果使用 Windows 系统进行 Django 项目部署，需要安装必要的 IIS 组件。这里以使用 Windows10 系统为例。

6.1.1　启用 IIS 服务

IIS（Internet Information Services，互联网信息服务）是 Web 服务组件，其中包括 Web 服务器、FTP 服务器、NNTP 服务器和 SMTP 服务器，分别用于网页浏览、文件传输、新闻服务和邮件发送等。

一般情况下，Windows 系统并没有开启 IIS 服务。需要在"控制面板—程序和功能—启用或关闭 Windows 功能"中进行启用，如图 6-1 所示。

这一步也可以通过快捷键<Win + R>打开运行对话框，输入"optionalfeatures"进入。

在"启用或关闭 Windows 功能"的窗口中找到"Internet Information Services"，展开子选项后，选中"Web 管理工具"前方的复选框。展开"万维网服务"的子选项，选中"常见 HTTP 功能"前方的复选框。然后，继续展开"应用程序开发功能"的子选项，选中"CGI"前方的复选框，如图 6-2 所示。

完成以上设置后，单击"确定"按钮，就开启了所需要的服务。

> **提示**
>
> 如果启用 IIS 的过程中出现错误"找不到引用的汇编，错误代码 0X80073701"，可以通过升级 Windows 系统解决。升级工具下载地址：https://www.microsoft.com/zh-cn/software-download/windows10。

图 6-1　控制面板界面

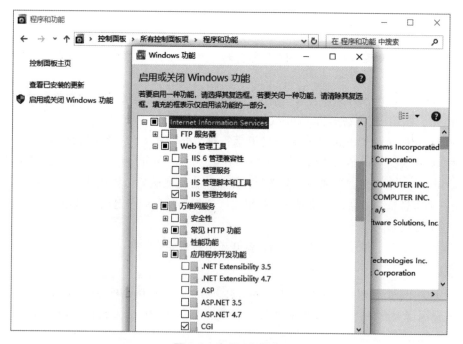

图 6-2　启用 IIS 服务

此时，在浏览器中打开地址 http://localhost/，将会显示 IIS 的欢迎界面，如图 6-3 所示。

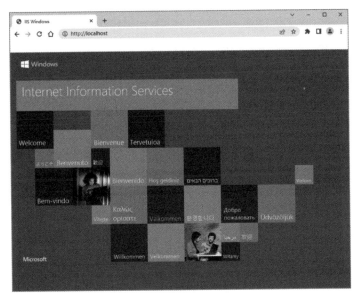

图 6-3　IIS 欢迎界面

6.1.2　添加新的网站

我们在 IIS 管理器中添加所要发布的网站。再次进入"控制面板"，双击"管理工具"选项。在工具列表中找到"Internet Information Services（IIS）管理器"，双击打开，如图 6-4 所示。这一步也可以通过快捷键<Win + R>打开运行对话框，输入"inetmgr"进入。

图 6-4　管理工具列表

速学 Django：Web 开发从入门到进阶

打开 IIS 管理器之后，展开左侧列表，删除默认的站点 "Default Web Site"，如图 6-5 所示。

图 6-5　删除默认站点

然后，添加新的网站。网站名称可以自定义，但是因为 IIS 对中文缺乏支持，名称需要使用英文，例如 "MySite"，如图 6-6 所示。除此之外，项目文件夹的名称都需要更改为英文，例如将 "我的网站" 改为 "MySite"。

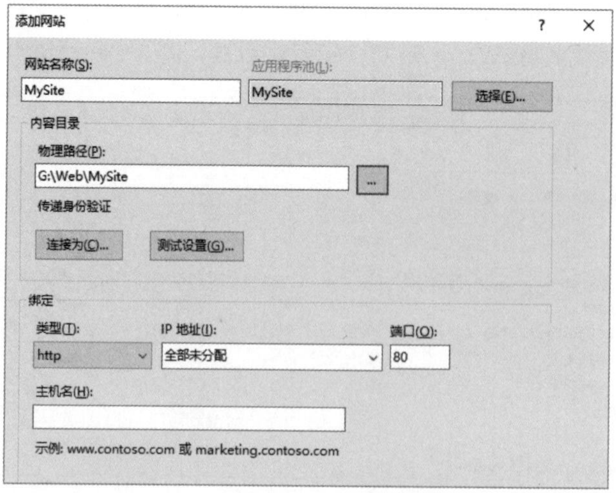

图 6-6　在 IIS 管理器中新建网站

项目文件夹的名称在 PyCharm 中无法修改，需要在硬盘分区目录中进行修改。而与项目文件夹同名的内部文件夹需要在 PyCharm 中进行修改，通过右键菜单中的"重构"选项进行"重命名"，如图 6-7 所示。

图 6-7　重命名项目目录

当输入新的名称，单击"重构"按钮后，会弹出一个重构预览界面。界面中包含项目中引用了当前目录名称的内容，当单击"执行重构"按钮后，引用当前目录名称的文件会同步变更目录名称，如图 6-8 所示。

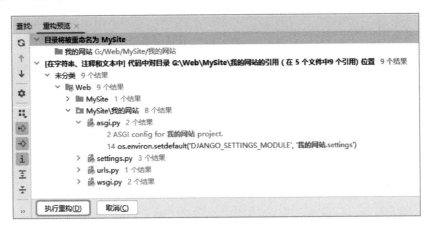

图 6-8　重构预览界面

完成重构之后，使用 Django 自带的 Web 服务器测试一下是否能够正常运行。

执行命令：`python manage.py runserver 80`

如果没有问题，使用快捷键<Ctrl + C>关闭 Django 的 Web 服务器，进行下一步操作。

前面添加网站的操作会在 IIS 管理器的 "应用程序池" 列表中自动添加新的应用程序池 "MySite"。这个应用程序池的默认标识是 "ApplicationPoolIdentity"，这个标识会引起 "FastCGI 进程意外退出（HTTP 错误 500.0）" 的异常，需要通过 "高级设置" 将标识改为 "LocalSystem"，如图 6-9 所示。

图 6-9　修改应用程序池标识

6.1.3　安装 wfastcgi

虽然在 IIS 管理器中创建了新的网站，但是 IIS 并不能直接运行 Django 项目。因为 IIS 支持 FastCGI，但不支持 WSGI，而 Django 自从 2.0 版本后全面使用 WSGI，不再使用 FastCGI。所以，需要安装 "wfastcgi" 模块让两者能够协同工作。

以管理员身份运行PyCharm，进入虚拟环境，安装 "wfastcgi"。

执行命令：`pip install wfastcgi`

> **注意**
>
> 必须以管理员身份运行 PyCharm 或 CMD，否则无法正常启用 "wfastcgi"。

安装完成后，启用 "wfastcgi"。

执行命令：`wfastcgi-enable`

命令执行结果中包含 Python 解释器和 "wfastcgi.py" 文件路径，并以竖线 "|" 分隔。这部分内容复制保存，后面需要使用，如图 6-10 所示。

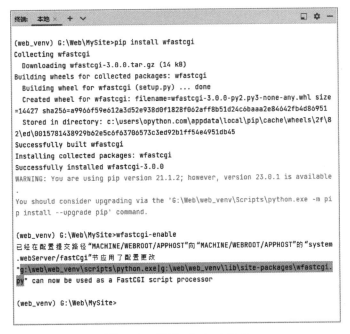

图 6-10　安装 wfastcgi 模块

6.1.4　处理程序映射

完成 "wfastcgi" 模块的安装之后，继续回到 IIS 管理器中进行设置。在左侧列表中选中新建的网站 "MySite"，然后双击 "处理程序映射" 图标，如图 6-11 所示。

在 "处理程序映射" 窗口右侧的 "操作" 列表中单击 "添加模块映射…" 选项，打开 "添加模块映射" 窗口。在窗口中 "请求路径" 填入 "＊"，表示所有请求路径。"模块" 选择 "FastCgiModule"，"可执行文件" 中直接填入 6.1.3 节中所复制的内容（Python 解释器与 wfastcgi 文件路径）。"名称" 可以自定义，例如 "Python FastCGI"。最后，单击 "请求限制"

按钮，取消"映射"设置中"仅当请求映射至以下内容时才调用处理程序"的勾选，如图 6-12 所示。

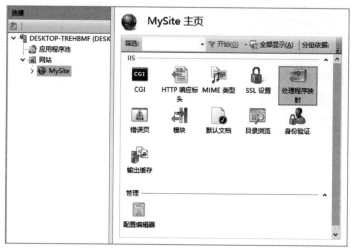

图 6-11 打开处理程序映射功能

图 6-12 添加模块映射

当完成设置，单击"确定"按钮后，会弹出消息对话框，单击按钮"是"，完成模块映射的添加，如图 6-13 所示。

图 6-13　添加模块映射的消息对话框

完成添加模块映射的操作之后，在项目根目录中会自动生成一个名为"web.config"的配置文件，内容如下。

```xml
<?xml version="1.0" encoding="UTF-8"?>
<configuration>
    <system.webServer>
        <handlers>
            <add name="Python FastCGI" path="*" verb="*" modules="FastCgiModule" scriptProcessor="g:\web\web_venv\scripts\python.exe |g:\web\web_venv\lib\site-packages\wfastcgi.py" resourceType="Unspecified" />
        </handlers>
    </system.webServer>
</configuration>
```

6.1.5　添加环境变量

添加模块映射的操作会自动创建 FastCGI 应用程序，我们需要为 FastCGI 应用程序添加环境变量，指定 WSGI 的处理程序、项目代码路径以及项目配置文件。添加环境变量可以采用两种方式。

第一种方式，在"web.config"文件中添加"appSettings"节点，并添加 3 个"add"标签。完整代码如下。

```xml
<?xml version="1.0" encoding="UTF-8"?>
<configuration>
    <system.webServer>
        <handlers>
            <add name="Python FastCGI" path="*" verb="*" modules="FastCgiModule" scriptProcessor="g:\web\web_venv\scripts\python.exe |g:\web\web_venv\lib\site-packages\wfastcgi.py" resourceType="Unspecified" requireAccess="Script" />
```

```
        </handlers>
    </system.webServer>
    <appSettings>
        <add key="WSGI_HANDLER" value="django.core.wsgi.get_wsgi_application()" />
        <add key="PYTHONPATH" value="G:\Web\MySite" />
        <add key="DJANGO_SETTINGS_MODULE" value="MySite.settings" />
    </appSettings>
</configuration>
```

第二种方式，在 IIS 管理器根节点功能列表中找到"FastCGI 设置"，双击打开，如图 6-14
所示。

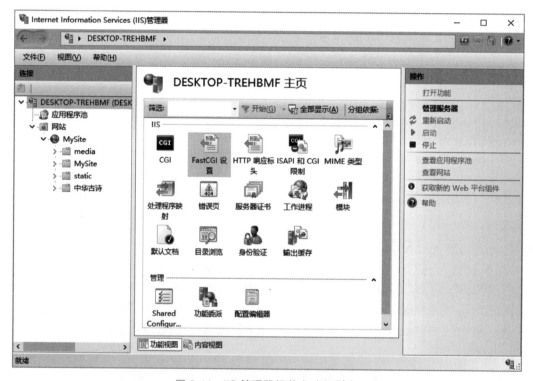

图 6-14　IIS 管理器根节点功能列表

在"FastCGI 设置"列表中双击已经自动添加的应用程序，或者单击右侧操作列表中的"编
辑"选项，进入编辑界面，如图 6-15 所示。

在"编辑 FastCGI 应用程序"的界面中，添加 3 个环境变量。环境变量的"Name"和"Val-
ue"与"web.config"文件中"appSettings"节点每一项代码的"key"和"value"完全一致，
如图 6-16 所示。

图 6-15　FastCGI 应用程序设置列表

图 6-16　为应用程序添加环境变量

第 1 个变量是 "WSGI_HANDLER"，它的值是 Django 的一个方法 "django.core.wsgi.get_wsgi_application( )"，这个方法的返回值是一个 "WSGIHandler" 实例。

第 2 个变量 "PYTHONPATH" 是项目目录，也就是网站 Python 代码文件的所在路径，例如 "G：\Web\MySite"。

第 3 个变量 "DJANGO_SETTINGS_MODULE" 是项目中 "settings.py" 文件的路径。

6.1.6 添加用户权限

一般情况下，当完成以上设置之后，在 IIS 管理器中启动网站（默认为启动状态），就能够正常访问了。但是，在某些 Windows 操作系统中，可能会因为项目文件夹的权限问题，导致网站无法访问。我们需要为项目文件夹添加 "IUSR" 用户权限。

> **注意**
>
> 项目文件夹是包含项目与虚拟环境的最外层文件夹，因为虚拟环境中的 Python 解释器和 wfastcgi 文件也都需要权限才能访问，如图 6-17 所示。
>
>
>
> 图 6-17 项目目录结构

进入项目文件夹（如 G：\Web）的 "属性" 设置，切换到 "安全" 标签。在界面中单击 "编辑" 按钮，打开 "权限" 设置界面，如图 6-18 所示。

图 6-18 项目文件夹安全设置界面

在权限设置界面中单击"添加"按钮，进入"选择用户或组"的界面。继续单击"高级"按钮，弹出"选择用户或组"的高级设置界面。在这个界面中单击"立即查找"按钮，"搜索结果"列表中会出现多个用户或组的名称。在这些名称中找到"IUSR"并选中（某些 Windows 系统中可能需要选中 IIS_IUSRS），连续单击每个界面中的"确定"按钮完成添加操作，如图 6-19所示。

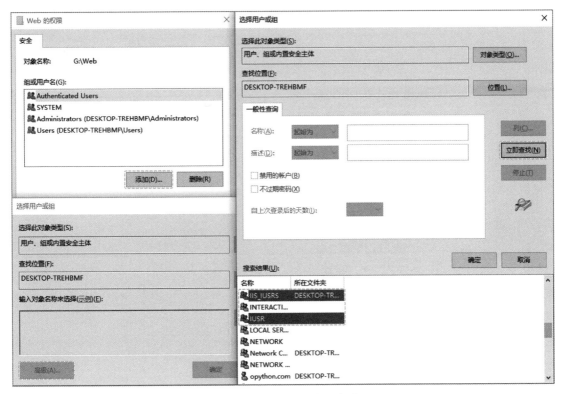

图 6-19　选择用户或组的操作

至此，因为用户权限导致网站不能访问的问题就解决了。现在，我们可以尝试在浏览器中访问网站。

本机可以在浏览器中输入"http://localhost/"或"http://127.0.0.1/"进行访问。

局域网中的其他设备（手机或计算机等）可以通过本机的局域网 IP 地址进行访问。例如"http://192.168.18.8/"。外网可以通过本机公网 IP 地址进行访问，例如"http://117.9.50.179/"。

提示

如果服务器主机是通过路由器连接外网，需要在路由器设置中添加端口映射。

6.1.7　添加中文路径支持

虽然网站已经能够访问，但是只能打开网站首页。其他页面打开会显示 404 错误。将"set-ting.py"文件中的"DEBUG"选项改为"True"，再次打开页面能够看到，是因为中文路径被 IIS 转码导致与"urls.py"中的路径规则不匹配所致，如图 6-20 所示。

图 6-20　网站 404 错误信息页面

解决这个问题需要添加注册表项。以管理员身份运行 CMD 控制台，执行以下命令。

```
reg add HKEY_LOCAL_MACHINE \System \CurrentControlSet \Services \w3svc \Parameters/v
FastCGIUtf8ServerVariables /t REG_MULTI_SZ /d REQUEST_URI \0PATH_INFO
```

或者使用随书资源中的"IIS 中文路径支持.reg"文件，双击进行注册表项的添加。添加完成后，可以进入"控制面板"，双击"管理工具"选项。在工具列表中找到"注册表编辑器"。也可以通过快捷键<Win + R>打开运行对话框，输入"regedit"进入注册表编辑器。在注册表编辑器中，依次进入以下路径。

```
[HKEY_LOCAL_MACHINE \SYSTEM \CurrentControlSet \Services \W3SVC \Parameters]
```

右侧列表中能够看到新增加的注册表项，如图 6-21 所示。

图 6-21　新增加的注册表项

当完成了注册表项的添加之后，需要重新启动 IIS 服务。再次以管理员身份打开 CMD 控制台。

执行命令：`iisreset`

命令执行成功之后，就能够访问网站的全部页面了。

6.1.8　处理静态文件与媒体文件

网站的页面虽然都能够访问，但是并没有呈现应有的样式。并且，当"settings.py"文件中"DEBUG"选项改为"False"时，作者的肖像图片也不能正常显示。这是因为我们还没有对静态文件和媒体文件进行处理。

首先，需要收集静态文件。先在"settings.py"文件中添加配置项，指定静态文件的存放位置。

```
STATIC_ROOT = BASE_DIR / 'static'
```

然后，通过命令收集所有需要使用的静态文件，包括 Django 后台、富文本编辑器以及 Web 应用中的静态文件。

执行命令：`python manage.py collectstatic`

命令执行成功后，Django 项目使用到的所有静态文件全部被收集到项目根目录下的

"static"文件夹中，如图 6-22 所示。

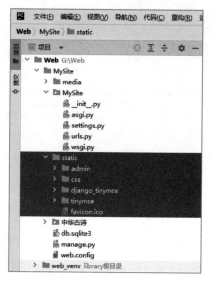

图 6-22　项目中的静态文件

此时，Web 应用目录下的"static"文件夹就可以删除了。然后，在"static"文件夹中需要添加"web.config"文件，此文件在随书资源中，文件内容如下。

```xml
<?xml version="1.0" encoding="UTF-8"?>
<configuration>
  <system.webServer>
    <!-- this configuration overrides the FastCGI handler to let IIS serve the static
files -->
    <handlers>
      <clear/>
      <add name="StaticFile" path="*" verb="*" modules="StaticFileModule"
resourceType="File" requireAccess="Read" />
    </handlers>
  </system.webServer>
</configuration>
```

并且，在"media"文件夹中同样需要添加"web.config"文件，此文件在随书资源中，文件内容如下。

```xml
<?xml version="1.0" encoding="UTF-8"?>
<configuration>
  <system.webServer>
```

```
<!-- this configuration overrides the FastCGI handler to let IIS serve the static
files -->
  <handlers>
    <clear/>
    <add name="MediaFile" path="*" verb="*" modules="StaticFileModule"
resourceType="File" requireAccess="Read" />
  </handlers>
 </system.webServer>
</configuration>
```

至此，我们的网站就能够正常显示样式与图片了。

别忘记，网站部署到生产环境后，需要将"settings.py"文件中"DEBUG"选项改为"False"。

6.2　CentOS 部署

CentOS（Community Enterprise Operating System）是 Linux 发行版之一，具有非常好的稳定性。这里以 CentOS-Stream-8 为例，进行 Django 项目部署。为了便于操作，安装 CentOS 时"软件选择"界面中建议选择"带 GUI 的服务器"选项，如图 6-23 所示。

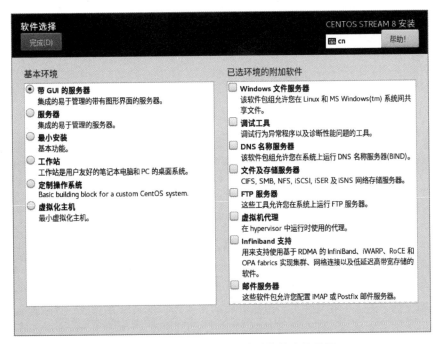

图 6-23　安装 CentOS 系统的软件选择界面

6.2.1　安装依赖项

在 CentOS 中需要预先安装一些程序包。在安装程序包时，建议切换至"root"账户，以获得最高权限。打开终端（命令行窗口），执行命令：`su root` 。输入"root"账户密码之后，即可完成账户切换。

必须安装的程序包包括 gcc、make、zlib-devel、openssl-devel、sqlite-devel 和 libffi-devel。

执行命令：`yum install -y gcc make zlib-devel openssl-devel sqlite-devel libffi-devel`

Sqlite3 为 CentOS 集成，无须安装，此处只需要安装开发工具包"sqlite-devel"。

> **提示**
>
> 如果使用普通账户进行操作，命令的开头需要加上"sudo"关键字。

以上操作，如图 6-24 所示。之后，耐心等待程序包安装完毕。

图 6-24　切换账户与程序安装

6.2.2　安装 Python

CentOS 中集成了 Python，但是版本较低，与我们所使用的 Django 版本不匹配。所以，需要安装更高版本的 Python 3.9.9。

> **提示**
>
> 安装新版本的 Python，无须卸载系统集成的版本。

使用 CentOS 内置的火狐（FireFox）浏览器，进入 Python 官网，下载 Python 3.9.9。

下载页面地址：https://www.python.org/downloads/source/。

下载链接：https://www.python.org/ftp/python/3.9.9/Python-3.9.9.tgz。

下载完毕之后，进入下载文件夹，选择下载的文件，右击菜单并选择"提取到此处"。也可以在终端中进入下载文件夹，执行解压缩命令。

执行命令：`cd 下载`

执行命令：`tar zxvf Python-3.9.9.tgz -C ./`

接下来，在终端中进入解压后的文件夹，通过命令创建配置文件。

执行命令：`cd Python-3.9.9`

执行命令：`./configure --enable-optimizations --prefix=/usr/local/Python39`

命令中指定了 Python 的安装路径为 "/usr/local/Python39"，并且进行优化（Optimizations）。

最后，使用进行程序构建与安装。

执行命令：`make && make install`

因为进行优化安装，安装过程的等待时间会稍长一些。等待 Python 安装成功之后，还要安装 Python 的开发程序包 "python39-devel"。

执行命令：`yum -y install python39-devel`

安装完毕之后，我们查看一下当前系统的 Python 版本和 PIP 版本。在 "/usr/bin/" 文件夹中，目前只有 "python3" 和 "pip3" 的软链接文件。这两个文件关联的是系统默认集成的 Python3。也就意味着，在终端中通过命令 "python3 -V" 和 "pip3 -V" 查询到的版本信息是旧版本 Python 的相关信息，如图 6-25 所示。

图 6-25　查看 Python 与 PIP 版本信息

使用自行安装的 Python，需要添加新的软链接文件到 "/usr/bin/" 文件夹中。

执行命令：`ln -s /usr/local/Python39/bin/python3 /usr/bin/python`

这条命令会在 "/usr/bin/" 文件夹中创建 "python" 文件，并与 "/usr/local/Python39/bin/" 文件夹中的 "python3" 文件相链接。

执行命令：`ln -s /usr/local/Python39/bin/pip3 /usr/bin/pip`

这条命令会在 "/usr/bin/" 文件夹中创建的 "pip" 文件，并与 "/usr/local/Python39/bin/" 文件夹中的 "pip3" 文件相链接。

速学 Django：Web 开发从入门到进阶

至此，我们就能够在终端中通过"python"和"pip"命令使用新版本的 Python 和 PIP 工具了，如图 6-26 所示。

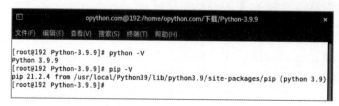

图 6-26　新版本 Python 与 PIP 的信息

安装 Python 所自带的 PIP 工具不是最新版本，我们通过命令对它进行升级。

执行命令：`pip install --upgrade pip`

至此，就完成了 Python 以及相关程序的安装。

6.2.3　安装虚拟环境

为了便于项目管理，需要创建虚拟环境。先安装虚拟环境工具"Virtualenv"。

执行命令：`pip install virtualenv`

注意

再次提醒，以上命令都要在"root"账户中执行，否则需要在命令开头添加"sudo"关键字。

例如：`sudo pip install virtualenv`

完成"Virtualenv"的安装之后，创建软链接文件，以便能够使用"virtualenv"命令。

执行命令：`ln -s /usr/local/Python39/bin/virtualenv /usr/bin/virtualenv`

将项目和虚拟环境都放置在"/var/www"文件夹中，"www"文件夹需要通过命令进行创建。先进入"/var"目录。

执行命令：`cd /var`

再创建"www"文件夹，并进入这个文件夹。

执行命令：`mkdir www && cd www`

然后，在"www"文件夹中创建虚拟环境。

执行命令：`virtualenv -p /usr/bin/python web_venv`

或者：`virtualenv -p /usr/local/Python39/bin/python3 web_venv`

这两条命令是等效的，都是使用自行安装的新版本 Python 作为虚拟环境的解释器。

最后，激活虚拟环境。

执行命令：`source /var/www/web_venv/bin/activate`

如果想要退出虚拟环境，执行命令：`deactivate`

6.2.4　安装代码库

在开发 Web 项目时，不但安装了 Django，还安装了一些第三方代码库（模块或程序包），例如富文本编辑器"TinMCE"和 Django 主题"SimpleUI"。这些代码库都是项目所依赖的，需要安装到新创建的虚拟环境中。可以在当前项目的虚拟环境中创建一个包含安装列表的文本文件，例如"install.txt"。

执行命令：`pip freeze > install.txt`

命令执行完毕，就会生成一个包含当前环境中所有第三方库名称与版本信息的文本文件，如图 6-27 所示。

这个文本文件可以复制到 CentOS 的"/var/www"路径下。但是，我们还没有操作"www"文件夹的权限，需要先赋予完整权限，以便进行文件操作以及代码库的安装。

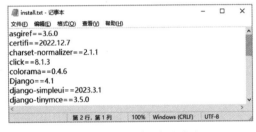

图 6-27　安装列表文件内容

执行命令：`sudo chmod 777 /var/www -R`

命令执行完毕后，就能够将文件复制到"www"文件夹中了。然后，在虚拟环境中使用"pip"命令安装代码库，如图 6-28 所示。

执行命令：`pip install -r /var/www/install.txt`

图 6-28　为虚拟环境安装代码库

　　所有代码库安装完毕之后，执行命令"python"，进入 Python Shell（命令行模式）。输入以下代码测试 Django 和 Sqlite3 是否已经正确安装，如图 6-29 所示。

```
>>>import django
>>>import sqlite3
```

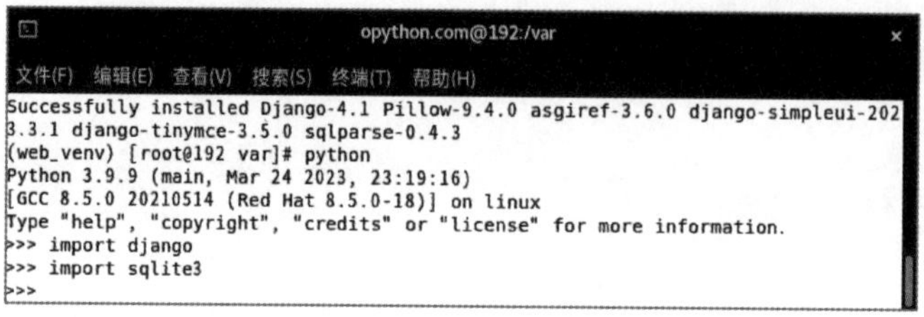

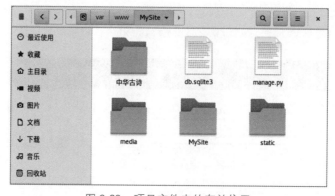

图 6-29　测试 Django 与 Sqlite3

　　如果没有引发任何异常，就说明以及安装成功了。

6.2.5　安装 uWSGI

　　uWSGI 是一个 Web 服务器，它实现了 WSGI、uwsgi、http 等协议。通过它能够访问 Django 所开发的 Web 应用。

　　激活虚拟环境。

　　执行命令：`source /var/www/web_venv/bin/activate`

　　在虚拟环境中安装 uWSGI。

　　执行命令：`pip install uwsgi`

　　安装完毕之后，将项目文件夹（例如 G：\Web\MySite）添加到 CentOS 的"/var/www"文件夹中，如图 6-30 所示。

图 6-30　项目文件夹的存放位置

然后，在虚拟环境中启动 uWSGI 服务器，如图 6-31 所示。

执行命令：`uwsgi --http :8888 --chdir /var/www/MySite/ --wsgi-file`

`MySite/wsgi.py --static-map=/static=static --static-map=/media=media`

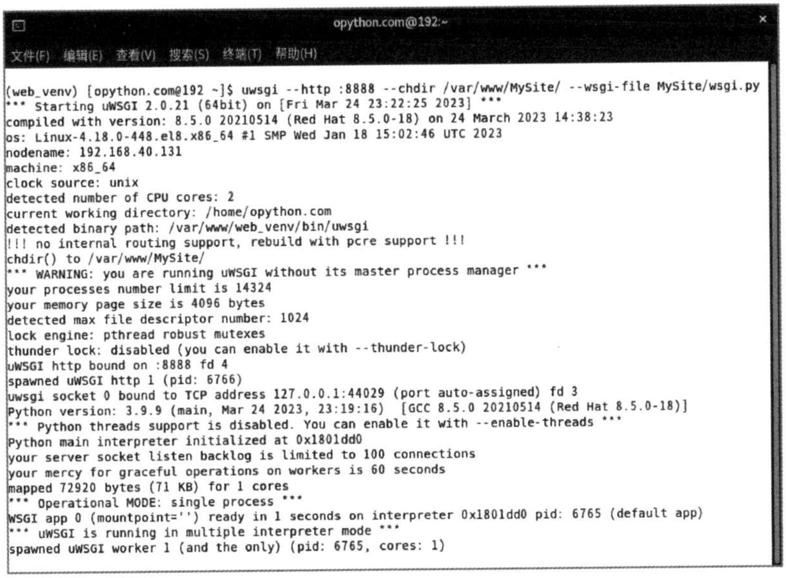

图 6-31　服务启动成功的界面

命令中指定了 "http" 的端口为 "8888"，"chdir" 参数是项目所在的路径，"wsgi-file" 参数是 "wsgi.py" 文件在项目文件夹中的位置，"static-map" 指定了静态文件访问路径对应的静态文件位置。

此时，打开浏览器，就能够通过 "http://localhost:8888/" 或 "http://127.0.0.1:8888/" 访问网站了。

如果想通过局域网或外网访问，还要在防火墙设置中打开相应端口和 HTTP 服务并重载防火墙设置。

添加 8888 端口。

执行命令：`firewall-cmd --zone=public --add-port=8888/tcp --permanent`

添加 HTTP 服务。

执行命令：`firewall-cmd --zone=public --add-service=http --permanent`

重载防火墙设置，让端口与服务生效。

执行命令：`firewall-cmd --reload`

查看已开启的端口。

执行命令：`firewall-cmd --list-port`

查看已开启的服务。

执行命令：`firewall-cmd --list-service`

6.2.6 创建 uWSGI 配置文件

uWSGI 不但能通过命令开启服务，还能够通过配置文件开启。

创建一个 ".ini" 文件，例如 "uwsgi.ini"。这个文件可以放置在项目文件夹 "/var/www/MySite" 中。创建文件可以通过命令来完成。

执行命令：`sudo vim /var/www/MySite/uwsgi.ini`

在 "uwsgi.ini" 文件中，写入如下内容。

```
[uwsgi]
# 外部访问端口
http = :8888
# 项目路径
chdir = /var/www/MySite/
# wsgi 文件路径
wsgi-file =MySite/wsgi.py
# 进程数
processes =4
# 线程数
threads = 5
# pid 文件存放路径
pidfile= /var/www/MySite/MySite.pid
# 设置静态文件
static-map = /static=static
static-map = /media=media
# 关闭时自动移除 unix socket 和 pid 文件
vacuum = true
```

如果使用 VIM 命令创建文件，编辑完成后，按下〈ESC〉键退出编辑状态，输入 ":wq" 保存文件并退出。

保存了 "uwsgi.ini" 文件之后，就可以在虚拟环境中通过配置文件启动 Web 服务了。

执行命令：`uwsgi /var/www/MySite/uwsgi.ini`

6.2.7　安装 Nginx

Nginx 也是一个 Web 服务器。既然已经能够通过 uWSGI 访问网站，为什么还要再安装 Nginx 呢？ 这是因为 Nginx 具有更好的安全性、扩展性以及静态文件处理能力等。但是，Nginx 不支持 WSGI 协议，不能直接与 Python Web 应用程序进行交互。所以，在生产环境中部署 Python 语言编写的 Web 项目时，Nginx 负责接收客户端发来的请求，如果是静态文件请求，Nginx 直接进行处理；如果是动态请求则转交 uWSGI 进行处理，uWSGI 调用 Python 应用程序处理动态请求后，将应用程序返回的响应数据传递给 Nginx，再返回到客户端，如图 6-32 所示。

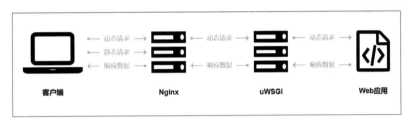

图 6-32　响应客户端请求的过程

接下来，在"root"账户下安装 Nginx。

> **提示**
>
> 以下在终端中执行命令的操作均是在"root"账户下进行，否则需要在命令开头加上"sudo"关键字。

执行命令：`su root`

输入密码，完成账户切换。

执行命令：`yum install -y nginx`

安装完成以后，启动 Nginx 服务器。

执行命令：`nginx`

或者，执行命令：`/usr/sbin/nginx`

以下命令能够对 Nginx 进行管理。

查看进程：`ps aux |grep nginx`

停止命令：`nginx -s stop`

退出命令：`nginx -s quit`

重载命令： `nginx -s reload`

6.2.8 创建 Nginx 配置文件

要让 Nginx 为网站项目提供服务，需要创建相应的配置文件。进入 "/etc/nginx/conf.d/" 文件夹，添加一个名为 "MySite.conf" 的文件。

执行命令： `vim /etc/nginx/conf.d/MySite.conf`

在编辑界面中，添加以下内容。

```
server {
    listen 80;
    server_name www.opython.com 127.0.0.1 localhost 192.168.18.8;
    charset utf-8;
    client_max_body_size 5M;

    location /media {
        alias /var/www/MySite/media;
    }

    location /static {
        alias /var/www/MySite/static;
    }

    location / {
        uwsgi_pass 127.0.0.1:8888;
        include /etc/nginx/uwsgi_params;
    }
}
```

配置文件中，指定 Nginx 监听计算机的 80 端口，并指定了媒体文件与静态文件的路径，以及 uWSGI 服务器的地址与端口。

"server_name" 可以填写服务器绑定的域名、"localhost" 以及本机 IP 地址，填写多项时需要使用空格分隔。配置文件启用后，只有通过这些域名或 IP 地址才能进行访问。如果填写 "*" 可以以任意方式访问，但不建议这么做。

编辑完配置文件之后，需要让 Nginx 的重载配置文件，以便让新的配置文件生效。

执行命令： `nginx -s reload`

此时，可能会出现如下异常。

```
nginx: [error] open() "/run/nginx.pid" failed (2: No such file or directory)
```

解决方法是先加载 Nginx 自身的配置文件。

执行命令：`nginx -c /etc/nginx/nginx.conf`

再次执行重载命令。

执行命令：`nginx -s reload`

如果发生 80 端口被占用的情况，可以先查询占用端口的进程。

执行命令：`lsof -i :80`

再销毁进程，以释放端口。

执行命令：`kill -9 进程 ID`

6.2.9　让 uWSGI 与 Nginx 协同工作

因为需要 uWSGI 服务器与 Nginx 服务器进行通信，不再直接接受外部访问和处理静态文件，所以"uwsgi.ini"的配置文件也需要修改。将对外的端口改为与 Nginx 服务器通信的端口，并且删除静态文件的设置。

```
[uwsgi]
# 与 Nginx 服务器通信端口
socket = 127.0.0.1:8888
# 项目路径
chdir = /var/www/MySite/
# wsgi 文件路径
wsgi-file = MySite/wsgi.py
# 进程数
processes = 4
# 线程数
threads = 5
# pid 文件存放路径
pidfile= /var/www/MySite/MySite.pid
# 关闭时自动移除 unix socket 和 pid 文件
vacuum = true
```

最后，在虚拟环境中启动 uWSGI 服务器。

执行命令：`uwsgi /var/www/MySite/uwsgi.ini`

如果此时仍然不能正常访问网站，而是只出现 Nginx 的欢迎页面，可以打开日志文件

"/var/log/nginx/error.log"查看问题所在。如果日志中包含"13：Permission denied"的错误提示，则说明是因为权限不足导致的问题。解决方案是修改"nginx.conf"文件，这个文件通常在"/etc/nginx/"文件夹中。

执行命令：`vim /etc/nginx/nginx.conf`

按〈I〉键进入编辑模式，修改"user nginx;"为"user root;"，然后按<ESC>键并输入":wq"进行保存退出。

重载 Nginx 的配置文件。

执行命令：`nginx -s reload`

至此，网站就能够正常访问了。

提示

> 无论以哪种方式进行网站部署，过程之中可能都会出现难以预料的问题，这些问题无法统一归纳，只能在出现问题时根据情况寻找解决方案，善于使用搜索引擎查找解决问题的方案或线索，是解决问题最有效的方式。

6.3 启用缓存功能

Django 自带强大的缓存系统，可以保存动态页面，这样就不必为每次请求提供运算，减少系统资源的开销。为了方便，Django 提供了不同级别的缓存，既可以缓存视图的某一部分，也可以缓存整个网站。

6.3.1 设置缓存

启用 Django 的缓存只需要在配置文件"settings.py"中添加一些设置。我们只需要告诉 Django 将缓存数据存放在哪里，存储在数据库中，还是本地文件系统中，或是内存中。例如，将缓存数据存放在本地文件系统中。我们需要指定缓存的后端以及存储缓存数据的位置（此处以 Windows 系统路径为例）。

```
#缓存设置
CACHES = {
    'default': {                                              # 缓存别名
        'BACKEND':'django.core.cache.backends.filebased.FileBasedCache',  # 使用的后端
        'LOCATION':'G:/Web/django_cache',  # 存储缓存数据的路径
    }
}
```

存储路径应该是绝对路径，以文件系统根目录开始。无须担心是否需要以斜杠结尾，但要保证目录已经创建。

6.3.2　启用缓存

如果不想麻烦，可以直接缓存整个站点。只需要在配置文件中添加 2 个缓存的中间件。

```
MIDDLEWARE = [
    'django.middleware.cache.UpdateCacheMiddleware',
    ...其他中间件...
    'django.middleware.cache.FetchFromCacheMiddleware',
]
```

提示

关于中间件在进阶部分将有详细的讲解。

需要注意，中间件"UpdateCacheMiddleware"必须放在所有中间件之前，而中间件"FetchFromCacheMiddleware"必须放在所有中间件之后。

除此之外，还需要添加 3 项必需的设置。

```
CACHE_MIDDLEWARE_ALIAS = 'default'        # 用于存储的缓存别名
CACHE_MIDDLEWARE_SECONDS = 10             # 缓存每个页面的秒数
CACHE_MIDDLEWARE_KEY_PREFIX = ''          # 关键词前缀，留空或者使用域名
```

现在，在 Django 项目中缓存已经生效了，如图 6-33 所示。

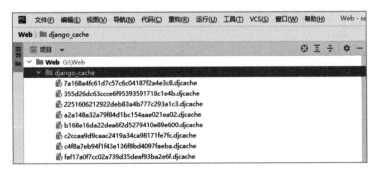

图 6-33　自动生成的缓存文件

关于缓存使用的更多内容，可以参考 Django 官方文档。

文档路径：/django-docs-4.1-zh-hans/topics/cache.html。

段落标题：Django 缓存框架。

第 7 章
Django 项目实战：创建项目

通过前面的学习，我们用最快的速度体验了使用 Django 进行 Web 项目开发的简单过程。从本章开始，我们通过一个新的项目，继续深入了解 Django 的更多功能与开发技巧。

7.1 搭建开发环境

新的 Web 项目需要创建新的虚拟环境，并添加各类代码库的支持。

7.1.1 创建虚拟环境

使用 PyCharm 新建项目，指定项目与虚拟环境的存放路径以及需要使用的 Python 解释器，如图 7-1 所示。

图 7-1　创建项目文件夹与虚拟环境

7.1.2　安装 Django

完成虚拟环境创建之后，通过快捷键〈Alt+F12〉或者导航菜单中"视图-工具窗口-终端"打开命令行终端，进行 Django 的安装（注意虚拟环境是否激活）。

执行命令：

```
pip install Django==4.1.0
```

因为项目中需要对图片进行处理，还要安装代码库 Pillow。

执行命令：

```
pip install Pillow
```

7.2　搭建项目框架

通过 Django 命令，自动生成项目文件与 Web 应用文件，完成项目框架的搭建。

7.2.1　生成项目与应用文件

Django 安装完成之后，使用 Django 命令生成项目与应用的相关文件。新的项目是一个安全资讯发布网站，为了方便通过 IIS 发布（IIS 不支持中文的项目目录），项目名称命名为"MySite"，应用名称为"安全资讯"。

执行命令：

```
django-admin startproject MySite
cd MySite
django-admin startapp 安全资讯
```

7.2.2　修改配置文件

打开"MySite"文件夹中的"settings.py"文件。将应用添加到"INSTALLED_APPS"列表中，进行装载。

```
INSTALLED_APPS = [
    '安全资讯',
    ...省略其他内容...
[
```

然后修改项目配置中的代码语言与时区设置。

```
LANGUAGE_CODE = 'zh-hans'
TIME_ZONE = 'Asia/Shanghai'
```

第 8 章
Django 项目实战：创建数据模型

当前项目是"安全资讯"网站，开发过程中需要使用到很多安全资讯文章以及网站用户信息等模拟数据。我们先进行数据模型的创建，让 Django 基于数据模型创建数据库，以便将模拟数据导入项目中。

8.1 编写模型类

"安全资讯"网站主要有文章、用户、分类、文章标签、收藏以及点赞的数据。

打开"MySite"文件夹中的"models.py"文件，逐一创建相应的模型类。

注意

因为需要使用随书资源中带有测试数据的数据库文件，编写模型代码时务必与文中保持一致。

8.1.1 编写用户模型

"用户"模型类可以继承 Django 的抽象用户模型类"AbstractUser"，以便之后使用 Django 的权限验证系统。

```python
from django.db import models
from django.contrib.auth.models import AbstractUser

class 用户(AbstractUser):
    first_name = None                                          # 排除字段
    last_name = None                                           # 排除字段
    姓名 = models.CharField(max_length=7, default='匿名用户')    # 添加字段
    email = models.EmailField(unique=True)                     # 修改字段
```

```
    def __str__(self):
        return self.姓名                          # 用户对象显示的字符串
```

在"AbstractUser"类中所包含的"first_name"和"last_name"字段对于项目没有什么用处，可以通过重写为"None"值来排除这两个字段，不让它们出现在数据库的相关数据表中。

"姓名"字段是需要额外添加的字符字段，限制字符数量，并设置默认值。

"AbstractUser"类中的"email"字段没有非空限制，需要重写这个字段，并添加唯一限制。（也可以设置这个字段为主键）

"__str__"方法设置了打印数据对象或在 Django 后台中数据对象显示的字符串。

除了编写"用户"类代码，还需要在"settings.py"文件添加配置项，将授权用户的模型由默认的"User"变更为自定义的"用户"。

```
AUTH_USER_MODEL = '安全资讯.用户'
```

8.1.2　编写分类模型

每一篇文章都有所属的分类，所以需要先添加"分类"模型类。

```
class 分类(models.Model):
    名称 = models.CharField(max_length=10, unique=True)
    排序 = models.IntegerField(default=0)

    def __str__(self):
        return self.名称

    class Meta:
        verbose_name_plural = '分类'  # Django 后台中呈现的名称
```

"名称"是字符字段，需要限制字符数量，并且保持唯一。

"排序"是整数字段，可以根据这个字段调整分类的顺序，默认值为 0。

8.1.3　处理文章标签——Taggit

每一篇文章都有所属的一个或多个标签，所以需要先添加"标签"模型类。但是，如果直接添加"标签"模型类，在 Django 后台中，标签的编辑会非常麻烦，就像之前"中华古诗"网站后台中，编辑古诗时选择"风格"一样，需要在包含全部风格的列表中进行选择，如图 8-1 所示。

速学 Django：Web 开发从入门到进阶

图 8-1　网站后台编辑古诗界面

　　所以，这里采用一种简单的方式，使用 Django 的第三方库"taggit"进行标签管理。"taggit"模块能够在表单中创建标签输入框，多个标签以英文逗号或空格分隔即可被识别。如果标签存在则直接使用，不存在则自动创建。

　　先完成"taggit"的安装。

　　执行命令：

```
pip install django-taggit
```

　　然后，在"settings.py"文件的"INSTALLED_APPS"列表中添加"taggit"名称。

```
INSTALLED_APPS = [
    '安全资讯',
    'taggit',
    ...省略其他内容...
]
```

最后，在 "models.py" 文件中导入 "TaggableManager" 类，就可以使用了。

```
from taggit.managers import TaggableManager
```

8.1.4　编写文章模型

"文章" 类包含 "作者" 字段。这里有一个需求，就是当一个 "作者"（用户）被删除时，该作者的文章不被删除，文章的作者被变更为 "已注销用户"。所以，在编写 "文章" 类之前，需要先编写一个 "获取已注销用户" 的函数。

```
def 获取已注销用户():
    from django.contrib.auth import get_user_model          # 引入获取用户模型类的方法
    已注销用户, _ = get_user_model().objects.get_or_create(
        username='deleted',
        姓名='已注销用户',
        email='xxx@xxx.com')                                # 获取或创建已注销用户
    return 已注销用户
```

示例代码中引入了获取用户模型类的 "get_user_model" 函数，这个函数会自动读取 "settings.py" 文件中的 "AUTH_USER_MODEL" 的值，从而获取模型类对象。而后，通过模型管理器的 "get_or_create" 方法查询或创建一个用户对象作为已销户用户，并返回。

与 "作者" 字段类似，"分类" 字段同样需要进行处理，当一个 "分类" 被删除时，需要将文章的 "分类" 指定为 "其他分类"。

```
def 获取其他分类():
    其他分类, _ = 分类.objects.get_or_create(名称='其他资讯')     # 获取或创建分类
    return 其他分类
```

编写了 "获取已注销用户" 和 "获取其他分类" 的函数之后，就可以创建 "文章" 类了。

```
class 文章(models.Model):
    作者 = models.ForeignKey('用户', on_delete=models.SET(获取已注销用户), related_name='相关文章')
    标题 = models.CharField(max_length=50, unique=True)
    正文 = models.TextField()
    发布时间 = models.DateTimeField()
    阅读数量 = models.IntegerField(default=0)
    点赞数量 = models.IntegerField(default=0)
    封面图片 = models.ImageField(upload_to='封面图片/', null=True, blank=True)
    分类 = models.ForeignKey('分类', on_delete=models.SET(获取其他分类), related_name='相关文章')
```

```
    标签 = TaggableManager(verbose_name='标签', help_text='标签用英文逗号或空格分隔',
related_name='相关文章')

    def __str__(self):
        return self.标题

    class Meta:
        verbose_name_plural = '文章'
        ordering = ['-发布时间']    # 默认以发布时间倒序排序
```

- "作者"字段为外键，关联的模型是"用户"；当用户被删除时，设置用户为特定用户；参数"related_name"指定关联名称，以便于通过作者对象快速查询该作者的相关文章。
- "标题"是字符字段，限制字符数量，并进行唯一约束。
- "正文"是文本字段。
- "发布时间"是日期时间字段。如果需要自动记录时间，可以添加参数"auto_add_now"或"auto_now"。此处，因为文章可以指定时间发布，所以无须自动记录。
- "阅读数量"和"点赞数量"都是整数字段，设置默认值为初始值"0"。
- "封面图片"是图片字段，指定图片存放目录，并且允许为空。"null"参数是指创建文章对象时，此字段可以为空值。"blank"参数是指前端页面的表单中，此字段可以为空值。
- "分类"字段为外键，关联模型是"分类"；当分类被删除时，设置分类为特定分类；参数"related_name"指定关联名称，以便于通过分类对象快速查询该分类的相关文章。
- "标签"字段通过"taggit"模块的"TaggableManager"类实现。参数"verbose_name"是 Django 后台中显示的名称；参数"help_text"是标签输入框的提示文字；参数"related_name"指定关联名称，以便于通过标签对象快速查询该标签的相关文章。
- "Meta"类中设置了 Django 后台中当前模型显示的复数名称，以及默认排序字段。

8.1.5 编写收藏模型

"收藏"类主要是建立文章与用户的关联。

```
class 收藏(models.Model):
    文章 = models.ForeignKey('文章', on_delete=models.CASCADE, related_name='相关收藏')
```

```
用户 = models.ForeignKey('用户', on_delete=models.CASCADE, related_name='相关收藏')
收藏时间 = models.DateTimeField(auto_now_add=True)

    class Meta:
        unique_together = ('文章', '用户')   # 联合主键，避免重复收藏
```

"文章"和"用户"字段都是外键，并且当用户或文章被删除时，相关收藏记录需要同步删除。关联名称用于查询某篇文章的收藏数据或者某个用户的收藏内容。

"收藏时间"是日期时间字段，参数"auto_now_add"的作用是自动添加收藏记录被创建的时间。与这个参数相似的参数"auto_now"则是自动添加每次记录被修改时的时间。所以，参数"auto_now_add"添加的时间是固定的，参数"auto_now"添加的时间是可变的。

最后，通过联合主键保证收藏记录的唯一性。

8.1.6　编写点赞模型

"点赞"类也是建立文章与用户的关联。

```
class 点赞(models.Model):
    文章 = models.ForeignKey('文章', on_delete=models.CASCADE, related_name='相关点赞')
    用户 = models.ForeignKey('用户', on_delete=models.CASCADE, related_name='相关点赞')
    点赞日期 = models.DateField(auto_now_add=True)

    class Meta:
        unique_together = ('文章', '用户', '点赞日期')
```

与"收藏"类的区别在于，点赞操作可以每天进行一次。所以，联合主键中增加"点赞日期"，以便允许不同日期同一用户对同一文章的点赞操作。

8.2　执行数据迁移

模型类编写完毕之后，进行数据迁移操作。

执行命令：

```
python manage.py makemigrations 安全资讯
python manage.py migrate
```

此时，Django 自动创建了数据库与数据表，如图 8-2 所示。

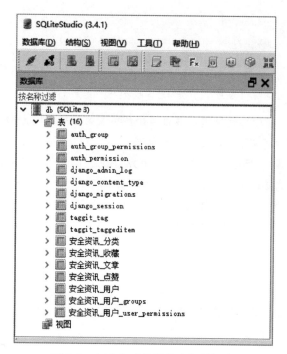

图 8-2　自动生成的数据库与数据表

第9章
Django 项目实战：编写测试程序

关于什么是自动化测试以及编写测试程序的好处，在 Django 文档中有着详细的描述，这里不再赘述。

文档路径：/django-docs-4.1-zh-hans/intro/tutorial05.html。

段落标题：自动化测试简介。

如果需要大量的测试程序，可以单独创建测试文件夹，创建多个不同的测试文件，Django 文档中对此有相应的介绍。

文档路径：/django-docs-4.1-zh-hans/topics/testing/overview.html。

段落标题：编写测试、运行测试。

这里只是根据需求编写少量测试程序。所以，可以直接将测试代码编写在 Django 自动创建的 "tests.py" 文件中。

9.1 外键删除测试

编写测试程序主要是为了测试编写的功能代码是否能够实现预期的效果。例如，在编写 "文章" 模型类时，我们并不知道 "作者" 字段定义中，参数 "on_delete" 的设置是否能够生效。

```
作者 = models.ForeignKey('用户', on_delete=models.SET(获取已注销用户), related_name='相关文章')
```

也就是说，当我们删除一个作者（用户）时，文章的作者真的能够自动变成 "已注销用户" 吗？ 如果想知道答案，验证程序的正确性，就可以编写一段测试代码进行测试。这段测试代码应该能进行以下工作。

1）创建一篇测试文章。

2）删除测试文章的作者。

3）读取测试文章的作者应为 "已注销用户"。

Django 能够为测试提供一个临时数据库，创建的数据记录都会在测试执行完毕后自动清除。所以，我们完全不用担心测试程序影响真实的数据库。

现在，我们开始在"tests.py"文件中编写测试程序。

首先，编写创建测试文章的"创建文章"函数。

```python
from .models import 用户, 分类, 文章
from django.utils import timezone


def 创建文章():
    测试用户 = 用户.objects.create(username='testuser', password='123456')
    测试分类 = 分类.objects.create(名称='测试分类')
    发布时间 = timezone.now()    # 包含时区信息的当前时间
    return 文章.objects.create(
        作者=测试用户,
        标题='测试标题',
        正文='测试正文',
        分类=测试分类,
        标签='测试标签',
        发布时间=发布时间
    )
```

在示例代码中，先通过模型管理器的"create"方法创建了一个测试用户对象和一个测试分类对象，此时临时数据库中也会自动写入测试用户和测试分类的数据记录。然后，使用测试用户和测试分类的数据对象创建了一篇文章的数据对象，临时数据库中同样会自动写入这篇文章的数据记录。

另外，在创建文章数据对象时，通过调用时区模块"timezone"的"now"方法，获取了当前时间对象。时区模块"timezone"是 Django 提供的一个模块，不要与"datetime"模块的"timezone"类混淆。

然后，是测试类"外键删除测试"。测试类需要继承 Django 提供的"TestCase"类。

```python
from django.test import TestCase


class 外键删除测试(TestCase):

    def test_外键删除_作者(self):
        新建文章 = 创建文章()                          # 创建新的文章记录
        新建文章.作者.delete()                        # 删除文章作者（用户）
```

```
测试文章 = 文章.objects.get(id=新建文章.id)      # 查询数据库重新获取文章对象
self.assertEqual(测试文章.作者.姓名,'已注销用户')  # 对比文章作者的姓名是否与预期相符
```

注意

測試類中的測試方法必須以 "test_" 開頭，才能被 Django 自動讀取執行。

在示例代码中，先通过 "创建文章" 函数在临时数据库中创建用户、分类以及文章的数据记录，并取得了新创建文章的数据对象 "新建文章"；然后，通过 "新建文章" 的 "作者" 属性取得用户数据对象，对其执行删除（delete）操作。

这里需要注意，"新建文章" 是读取数据库中数据记录产生的数据对象，删除作者（用户）的操作已导致这个数据对象失去了 "作者" 属性，与数据库中的数据记录不再一致。所以，我们使用它的 "id" 字段，从数据库中再次进行查询，产生与数据记录一致的数据对象 "测试文章"。

最后，通过断言方法 "assertEqual"，比对 "测试文章" 的 "作者" 的 "姓名" 是否与预期字符串相等。

Django 使用了 Python 的单元测试框架，关于断言方法 "assert *" 可以参考 Python 文档。

文档路径： /python-3.9.16-docs-html/library/unittest.html。

段落标题： 类与函数。

最后，运行测试程序，测试结果如图 9-1 所示。

执行命令：

```
python manage.py test
```

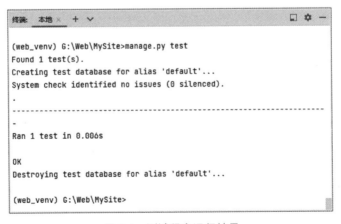

图 9-1　测试程序运行结果

另外，"文章" 类的 "分类" 字段同样可以这样测试。

在测试类中添加一个新的方法，代码如下。

```
def test_外键删除_分类(self):
    新建文章 = 创建文章()                                    # 创建新的文章记录
    新建文章.分类.delete()                                   # 删除文章分类
    测试文章 = 文章.objects.get(id=新建文章.id)              # 查询数据库重新获取文章对象
    self.assertEqual(测试文章.分类.名称, '其他资讯')         # 对比文章分类的名称是否与预期相符
```

9.2 模型方法测试

测试前需要先编写一段带有 Bug 的代码。

在"安全资讯"网站页面中，会包含一个最近发布模块。这个模块会展示最近 24 小时内发布的文章。很明显，需要对文章数据进行筛选才能获取想要的数据。我们可以在"文章"模型类中添加一个"最近发布"方法，在这个方法中对发布时间进行判断，返回布尔值。

```
class 文章(models.Model):
    ...省略其他代码...

    def 最新发布(self):
        from datetime import datetime, timedelta, timezone   # 引入时间功能模块
        当前时间 = datetime.now(tz=timezone.utc)              # 获取带有时区信息的当前时间
        return self.发布时间 >= 当前时间 - timedelta(hours=24)   # 返回发布时间是否大于当前时间减去 24 小时
        return 当前时间 >= self.发布时间 >= 当前时间 - timedelta(hours=24)

    ...省略其他代码...
```

带有 Bug 的代码编写完毕。

当前"最近发布"方法会将未发布的文章（发布时间大于当前时间）也筛选出来。这样的 Bug 应该能够被测试程序捕获。那么，测试程序要如何进行测试呢？

在我们的设计中，文章发布时间有三种情形，较早发布的文章、最近发布的文章以及未发布的文章。所以，我们可以分别创建符合这三种情形的文章数据，通过测试程序调用被测试的方法与预期结果进行比对。为了能够创建三种不同情形的文章数据对象，我们需要给"tests.py"中已有的"创建文章"函数添加一些代码。

```
from datetime import timedelta

def 创建文章(时间差=timedelta(seconds=0)):
    """
```

```
创建用于测试的模型对象
"""
测试用户 = 用户.objects.create(username='testuser', password='123456')
测试分类 = 分类.objects.create(名称='测试分类')
发布时间 = timezone.now() + 时间差
return 文章.objects.create(
    作者=测试用户,
    标题='测试标题',
    正文='测试正文',
    分类=测试分类,
    标签='测试标签',
    发布时间=发布时间
)
```

修改后的函数增加了一个"时间差"参数，通过发布时间加上时间差（正或负），能够获得想要的发布时间。默认时间差为"0"。

接下来，编写测试类"文章模型测试"。

```
class 文章模型测试(TestCase):

    def test_最新发布_尚未发布(self):
        """
        对于尚未发布的文章（发布时间为 1 天后），最新发布方法的返回值应为"False"。
        """
        时间差 = timedelta(days=1)                    # 获取可计算的时间数值
        未发文章 = 创建文章(时间差)                     # 获取文章对象
        self.assertIs(未发文章.最新发布(), False)       # 与预期结果比对

    def test_最新发布_较早发布(self):
        """
        对于较早发布的文章（发布时间超过 1 天），最新发布方法的返回值应为"False"。
        """
        时间差 = - timedelta(days=1, seconds=1)
        较早文章 = 创建文章(时间差)
        self.assertIs(较早文章.最新发布(), False)

    def test_最新发布_最新发布(self):
        """
        对于最新发布的文章（已发布且发布时间不足 24 小时），最新发布方法的返回值应为"True"。
```

```
"""
时间差 = - timedelta(hours=23, minutes=59, seconds=59)
最新文章 = 创建文章(时间差)
self.assertIs(最新文章.最新发布(), True)
```

测试代码编写完毕之后，运行测试，成功捕获了存在的 Bug，如图 9-2 所示。

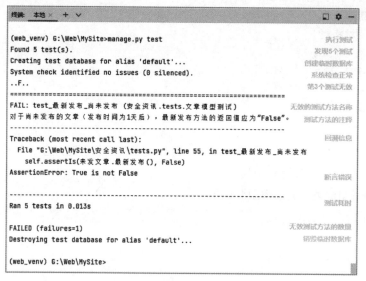

图 9-2　发现异常的测试结果

根据测试结果修改存在 Bug 的代码。

```
def 最新发布(self):
    ...省略没有更改的代码...
    return 当前时间 >= self.发布时间 >= 当前时间 - timedelta(hours=24)   # 返回发布时
间是否大于当前时间减去 24 小时且小于当前时间
```

再次运行测试程序，显示结果为全部正常，如图 9-3 所示。

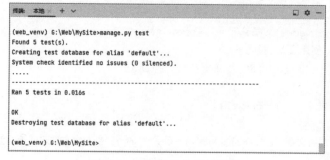

图 9-3　全部正常的测试结果

9.3　详情视图测试

Django 提供了一个客户端工具，能够通过模拟客户端访问对一些程序代码进行测试。例如，用户访问文章详情页面时，如果是已发布的文章，应该能够正常访问；如果是未发布的文章，用户猜到了文章的"id"，自己组织了 URL 进行访问，则应该返回 404 错误。为了进行这项测试，我们先进行一些准备工作。

首先，在项目文件夹（MySite）的"urls.py"文件中，将所有访问转发给 Web 应用文件夹（安全资讯）中的"urls.py"文件进行处理。

```
from django.contrib import admin
from django.urls import path, include

urlpatterns = [
    path(", include('安全资讯.urls')),
    path('admin/', admin.site.urls),
]
```

在 Web 应用的"urls.py"文件中添加"文章详情"的访问规则。

```
from django.urls import path
from . import views

urlpatterns = [
    path('文章/<int:pk>', views.文章详情.as_view(), name='文章详情'),
]
```

访问规则中，将"文章/文章 id"的 URL 指派给视图文件中的"文章详情"类进行处理。

在 Web 应用的"views.py"文件中编写"文章详情"视图类，让它继承"DetailView"类。

```
from .models import *
from django.views.generic import DetailView
from django.utils import timezone

class 文章详情(DetailView):
    model = 文章
    template_name = '文章详情.html'
    context_object_name = '文章'                # 设定传入模板中的文章对象名称

    def get_queryset(self):
```

```
        文章编号 = self.kwargs ['pk']
        # 查询结果 = 文章.objects.filter(id=文章编号)  # 错误查询语句
        查询结果 = 文章.objects.filter(id=文章编号, 发布时间__lte=timezone.now())
    # 正确查询语句
        return 查询结果
```

在示例代码中，设定了当前视图的模型，以及使用的模板名称，并且设定了上下文中数据对象名称，如果不进行设定，在模板中需要通过 "object" 调用数据对象。

然后，重写获取结果集的方法。在这个方法中通过模型管理器进行条件筛选，返回取得的查询结果。这里包含了正确和错误两种查询语句，以便呈现不同的测试结果。实际开发时，只需要正常编写代码，仅在没有通过测试时进行修正即可。

接下来，根据视图类中指定的模板名称，在 Web 应用中添加 "templates" 文件夹，并创建模板文件 "文章详情.html"。

```
<! DOCTYPE html>
<html lang="zh-CN">
<head>
    <meta charset="UTF-8">
    <title>文章详情</title>
</head>
<body>
{{ 文章.正文 }}
</body>
</html>
```

最后，编写测试类代码。

```
from django.test import Client
from django.urls import reverse

class 文章详情测试(TestCase):
    client = Client()

    def test_文章详情_已发布(self):
        """
        对于已发布的文章返回文章内容。
        """
        时间差 = timedelta(seconds=-1)  # 负数时间差
        测试文章 = 创建文章(时间差)
        url = reverse('文章详情', args=(测试文章.id,))
```

```
    响应 = self.client.get(url)
    self.assertContains(响应, 测试文章.正文)   # 包含比对


def test_文章详情_未发布(self):
    """
    对于未发布的文章返回 404 错误。
    """
    时间差 = timedelta(seconds=1)
    测试文章 = 创建文章(时间差)   # 正数时间差
    url = reverse('文章详情', args=(测试文章.id,))
    响应 = self.client.get(url)
    self.assertEqual(响应.status_code, 404)   # 相等比对
```

Django 提供的"reverse"函数能够根据 URL 的名称反向生成 URL 链接。再通过"Client"类实例化的客户端对象调用"get"方法，即可对 URL 链接进行访问。

在不同的测试函数中，通过设置"时间差"创建未发布和已发布两种状态的文章，并分别进行测试。如果是已发布的文章，则测试"响应"内容中是否包含"测试文章"的"正文"。如果是未发布的文章，则测试"响应"的状态代码是否等于"404"。

第 10 章
Django 项目实战：编写常用模板

　　Web 项目中的页面包含很多相同的内容，这部分内容可以编写为基本模板，具体的页面则在基本模板上进行扩展。另外，一些常见的错误页面也可以先编写完成。

10.1　添加静态文件

　　模板文件中包含的 HTML 代码需要 JS、CSS 等文件的支持。我们需要将随书资源中的"static"文件夹复制到 Web 应用（安全资讯）的文件夹中，如图 10-1 所示。

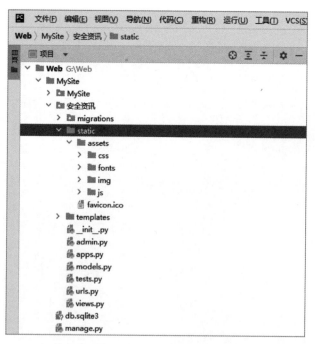

图 10-1　添加静态文件

10.2　编写基本模板

提示

　本章中的常用模板文件均可在随书资源中获取，可以不用手动编写，但要了解模板中所包含的内容，特别是模板标签的使用。

　基本模板"基本.html"主要搭建通用的页面框架，引入各个页面都要使用的静态文件。为了确保静态文件改变位置不会影响页面的正常加载，可以通过"{% load static %}"标签读取配置文件"settings.py"中的"STATIC_URL"，再通过"{% static %}"标签连接相对路径进行引入。

　为了便于管理，页面导航和页脚的代码独立出来，形成单独的模板文件，再嵌入基本模板中。

```
<! DOCTYPE html>
<html lang ="zh-CN">
<head>
    <meta http-equiv ="Content-Type" content ="text/html; charset=UTF-8">
    <meta http-equiv ="X-UA-Compatible" content ="IE=edge">
    <meta http-equiv ="X-UA-Compatible" content ="ie=edge">
    <meta name ="viewport" content ="width=device-width, initial-scale=1.0">
    <title>安全资讯-{% block 标题 %}{% endblock %}</title>
    {% load static %}
    <link rel ="icon" href ="{% static 'favicon.ico' %}"/>
    <link rel ="stylesheet" href ="{% static 'assets/css/bootstrap.min.css' %}">
    <link rel ="stylesheet" href ="{% static 'assets/css/fontawesome.min.css'.%}">
    <link rel ="stylesheet" href ="{% static 'assets/css/style.css' %}">
    <script src ="{% static 'assets/js/jquery.min.js' %}"></script>
    <script src ="{% static 'assets/js/bootstrap.min.js' %}"></script>
</head>
<body>
{% include '导航.html' %}
{% block 页面内容 %}{% endblock %}
{% include '页脚.html' %}
</body>
</html>
```

　当前项目中使用了 Web 前端 UI 框架"Bootstrap4"和 JavaScript 框架"Jquery3"，以便能够快速实现前端页面的样式与交互效果。在随书资源中包含这两个框架的中文文档，以供参考。

10.3 编写导航模板

导航模板"导航.html"包含站点 Logo、导航菜单以及登录注册按钮。站点 Logo 的图片也需要使用"{% static %}"标签引入。

```
<header class="header-area">
    <div class="header-bottom">
        <div class="container">
            <div class="row d-flex">
                <div class="col-xl-2 col-lg-2 col-6 d-flex align-items-center">
                    <div class="logo">
                        {% load static %}
                        <a href="/"><img src="{% static 'assets/img/logo.png' %}"
alt=""></a>
                    </div>
                </div>
                <div class="col-6 d-xl-none d-lg-none d-md-block d-sm-block d-block">
                    <button class="menu-button navbar-toggler collapsed" type="but-
ton" data-toggle="collapse"
                            data-target="#navbarTogglerDemo01" aria-controls="navb-
arTogglerDemo01" aria-expanded="false"
                            aria-label="Toggle navigation">
                        <span class="navbar-toggler-icon"><i class="fas fa-bars"></i>
</span>
                    </button>
                </div>
                <div class="col-xl-10 col-lg-10 d-flex align-items-center">
                    <nav class="main-menu navbar navbar-expand-lg navbar-light">
                        <div class="navbar-collapse collapse" id="navbarTogglerDemo01"
style="">
                            <ul class="navbar-nav mt-2 mt-lg-0 justify-content-end">
                                <li class="nav-item">
                                    <a class="nav-link" href="/">首页</a>
                                </li>
                                <li class="nav-item">
                                    <a class="nav-link" href="/">分类 1</a>
                                </li>
                                <li class="nav-item">
```

```
                            <a class="nav-link" href="/">分类 2</a>
                    </li>
                    <li class="nav-item">
                            <a class="nav-link" href="/">分类 3</a>
                    </li>
                    <li class="nav-item">
                            <a class="nav-link" href="/">分类 4</a>
                    </li>
                    <div class="col-xl-2 col-lg-2 align-items-center">
                            <div class="submit-button">
                                <a href="/">登录 | 注册</a>
                            </div>
                    </div>
                </ul>
            </div>
        </nav>
        </div>
        </div>
    </div>
</header>
```

10.4　编写页脚模板

页脚模板 "页脚.html" 包含站点 Logo 与版权信息。站点 Logo 的图片同样使用 "{% static %}" 标签引入。

```
<footer class="footer-area">
    <div class="footer-bottom">
        <div class="container">
            <div class="row">
                <div class="col-xl-6 col-lg-6">
                    <div class="logo">
                        {% load static %}
                        <img src="{% static 'assets/img/footer-logo.png' %}" alt="">
                    </div>
                </div>
                <div class="col-xl-6 col-lg-6">
```

```
                <div class="copyright">
                    <p>Copyright © 2023．三体科技有限公司保留所有权利</p>
                </div>
            </div>
        </div>
    </div>
</footer>
```

10.5　编写 404 错误页面

　　用于 404 错误页面的模板需要命名为"404.html"，这个名称不可自定义。页面内容是在基本模板上进行扩展。重写页面标题并添加页面内容。页面内容中的背景图片依然通过"{% static %}"标签进行添加。

```
{% extends '基本.html' %}
{% block 标题 %}404 错误{% endblock %}
{% block 页面内容 %}
<div class="error-area">
    <div class="container">
        <div class="row justify-content-center">
            <div class="col-xl-6 col-lg-6">
                <div class="part-text">
                    <h2>4<span>0</span>4</h2>
                    <h3>哎呦喂！这个页面消失不见了呢！</h3>
                    <a href="/">返回首页</a>
                </div>
            </div>
        </div>
    </div>
    <div class="part-img">
        {% load static %}
        <img src="{% static 'assets/img/bg.png' %}" alt="">
    </div>
</div>
{% endblock %}
```

10.6　编写 500 错误页面

用于 500 错误页面的模板需要命名为"500.html"，这个名称不可自定义。模板内容与"404.html"大同小异，只有标题和提示文字的区别。

```
{% extends '基本.html' %}
{% block 标题 %}500 错误{% endblock %}
{% block 页面内容 %}
<div class="error-area">
    <div class="container">
        <div class="row justify-content-center">
            <div class="col-xl-6 col-lg-6">
                <div class="part-text">
                    <h2>5<span>00</span></h2>
                    <h3>哎呦喂！服务器发脾气罢工了呢！</h3>
                    <a href="/">返回首页</a>
                </div>
            </div>
        </div>
    </div>
    <div class="part-img">
        {% load static %}
        <img src="{% static 'assets/img/bg.png' %}" alt="">
    </div>
</div>
{% endblock %}
```

10.7　在浏览器中查看模板

先创建一个名为"首页.html"的模板。

```
{% extends '基本.html' %}
{% block 标题 %}首页{% endblock %}
{% block 页面内容 %}
<div class="blog-area">
    <div class="container">
        页面内容...
```

```
    </div>
</div>
{% endblock %}
```

然后，在 Web 应用的"urls.py"文件中添加首页的访问规则。

```
from django.views.generic.base import TemplateView

urlpatterns = [
    path(", TemplateView.as_view(template_name='首页.html')),
    ...省略其他代码...
]
```

再将配置文件"settings.py"中的"DEBUG"设置为"False"，关闭调试模式。这样才能够正常显示 404 和 500 的错误页面。并且，当关闭调试模式时，"ALLOWED_HOSTS"的列表不能为空，必须填入允许的访问地址，开发环境下可以直接填入"'*'"（注意带单引号）。

```
DEBUG = False
ALLOWED_HOSTS = ['*']
```

当关闭调试模式时，Django 不再自动搜索静态文件，会导致静态文件无法加载，页面不能正常呈现应有的样式和图片。此时，可以采用不安全的（Insecure）服务模式启动服务器，即可正常加载静态文件。

执行命令：

```
python manage.py runserver 80  --insecure
```

服务器启动后，在浏览器中访问"http://127.0.0.1/"或"http://localhost/"即可呈现如图 10-2 所示的页面。

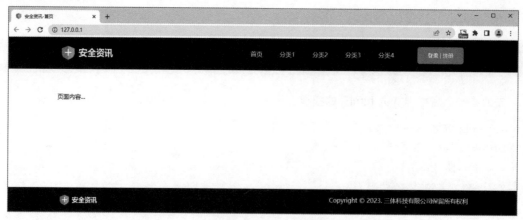

图 10-2　网站临时首页

如果在浏览器中输入一个不存在的地址（例如："http://127.0.0.1/url"），即可呈现 404 错误页面。如果想呈现 500 页面，可以将首页访问规则中的模板文件名称更改为一个不存在的名称，重启服务器后，访问首页即可呈现 500 错误页面。

```
path('', TemplateView.as_view(template_name='XXX.html')),
```

模板的编写暂时先告一段落，在之后开发具体页面时再进行编写。

第 11 章
Django 项目实战：
实现注册登录与密码管理功能

安全资讯网站包含收藏和点赞功能，这些功能都需要用户在登录的状态下才能够使用。所以，在进一步编写功能代码之前，我们先实现注册与登录以及退出账号的功能。

11.1　实现注册功能

如图 11-1 所示，注册功能需要用户提交账号、邮箱以及密码，在这些信息通过合法性验证之后，还需要对邮箱的真实性进行验证。待全部验证通过之后创建新的用户账号。

图 11-1　网站注册页面

11.1.1　编写注册页面模板

因为有多个注册相关模板（邮箱验证、注册成功等），我们在"templates"文件夹中新建一个名为"注册"的文件夹，用来存放注册相关的模板文件。新建"注册.html"模板，模板的表单中包含账号、邮箱以及密码的输入框，注册协议的复选框，以及提交数据的按钮。完整代码如下。

```
{% extends '基本.html' %}
{% block 标题 %}注册{% endblock %}
{% block 页面内容 %}
<section class="signin signup">
    <div class="container">
        <div class="sign-content">
            <h2>注 册</h2>
            <!-- 表单开始 -->
            <form method="post">
                {% csrf_token %}<!-- 防止跨域攻击 -->
                <div class="row">
                    <div class="col-sm-12">
                        <div class="signin-form">
                            <div class="form-group">
                                <label for="{{ form.username.id_for_label }}">账号</label>
                                <input type="text" class="form-control" id="{{
form.username.id_for_label }}"
                                        name="username" placeholder="请输入账号名称"
                                        value="{% if form.username.value %}{{ form.
username.value }}{% endif %}">
                                {{ form.username.errors }}
                            </div>
                            <div class="form-group">
                                <label for="{{ form.email.id_for_label }}">邮箱</label>
                                <input type="email" class="form-control" id="{{
form.email.id_for_label }}" name="email"
                                        placeholder="请输入邮箱地址"
                                        value="{% if form.email.value %}{{ form.email.
value }}{% endif %}">
                                {{ form.email.errors }}
```

```
                    </div>
                    <div class="form-group">
                        <label for="{{ form.password.id_for_label }}">密
码</label>
                        <input type="password" class="form-control" id="{{
form.password.id_for_label }}"
                            name="password" placeholder="请输入登录密码"
                            value="{% if form.password.value %}{{ form.
password.value }}{% endif %}">
                        {{ form.password.errors }}
                    </div>
                </div>
        </div>
    </div>
    <div class="row">
        <div class="col-sm-12">
            <div class="signin-form">
                <div class="awesome-checkbox-list">
                    <ul class="unstyled centered errorlist">
                        <li>
                            <input class="styled-checkbox" id="styled-
checkbox" type="checkbox" name="注册协议" {% if form.注册协议.value %}checked="
checked" {% endif %} >
                            <label for="styled-checkbox">同意本站注册协议
</label>
                        </li>
                        <li></li>
                    </ul>
                </div>
            </div>
        </div>
    </div>
    <div class="row">
        <div class="col-sm-12">
            <div class="signin-form">
                {{ form.注册协议.errors }}
            </div>
        </div>
    </div>
```

```
            <div class="row">
                <div class="col-sm-12">
                    <div class="signin-footer">
                        <button type="submit" class="btn signin_btn"
                                Onclick="this.disabled=true;this.form.submit();">
                            注 册
                        </button>
                        <p>已有本站账号？ <a href="/登录">立即登录</a></p>
                    </div>
                </div>
            </div>
        </form>
        <!-- 表单结束 -->
    </div>
</div>
</section>
{% endblock %}
```

　　表单数据提交时，需要防止跨域攻击，所以，表单标签中需要添加"{% csrf_token %}"标签，生成防止跨域攻击的令牌数据，以免提交数据时被 Django 拒绝请求。

　　模板会接收来自视图的表单数据，数据对象名称默认为"form"。所以在表单中，可以通过"form"调用表单中的各个标签以及相关属性。

　　首次打开注册页面时，表单控件的值都为空。当单击注册按钮向服务器提交数据时，如果数据未通过验证，则会将表单数据返回，需要读取出来填充表单。所以，在每个输入框控件代码中，都要对表单数据中的值"{{ form.标签名称.value }}"进行判断，如果有返回的值，就填入控件的"value"属性中。而复选框控件则是添加"checked="checked""的属性，让复选框变为选中状态。

　　还有，可以通过"{{ form.标签名称.errors }}"获取每个控件的错误信息。在验证失败时，呈现在页面中。

　　另外，在单击注册按钮时，为了避免连续单击按钮导致重复提交数据，添加了"OnClick"事件，禁用当前按钮"this.disabled=true;"，同时提交表单数据"this.form.submit();"。

11.1.2　编写注册表单

　　"注册.html"模板所提交的数据会通过视图进行处理。比较快捷的方式使用 Django 提供的表单视图"FormView"。但是，"FormView"需要指定表单类，对表单数据进行设定。所以，在 Web 应用（安全资讯）文件夹中，需要新建"forms.py"文件。然后编写表单类"注册表单"的代码。

```
from django import forms
from .models import 用户

class 注册表单(forms.ModelForm):
    注册协议 = forms.BooleanField(required=True, error_messages={
        'required':'请先同意用户注册协议！'
    })

    class Meta:
        model = 用户
        fields = ['username', 'email', 'password', '注册协议']
```

　　"用户"模型中并不包含"注册协议"字段，而我们又要对网页中注册协议选项是否勾选进行验证，所以在"注册表单"中添加一个名为"注册协议"的布尔型字段，并且需要（Required）为真值（True）。当用户没有勾选注册协议时，要给出错误消息。然后，在"Meta"类的字段"fields"列表中，将"注册协议"一同填入。"fields"列表中的字段均会转化为页面中的表单控件。

11.1.3　编写注册视图——FormView

　　如果没有特别需求，注册视图内容非常简单，只需要继承"FormView"，并进行简单的设置即可。

```
from django.views.generic import FormView
from .forms import 注册表单

class 注册(FormView):
    template_name = '注册/注册.html'
    form_class = 注册表单
    success_url = '/邮箱验证提示/'   #注册成功后跳转的地址
```

　　接下来，在"urls.py"文件中添加一条访问规则。

```
path('注册/', views.注册.as_view(), name='注册'),
```

　　然后，运行 Web 服务器。
　　执行命令：

```
python manage.py runserver 80
```

至此，就可以通过"http://127.0.0.1/注册/"或"http://localhost/注册/"访问注册页面了。

11.1.4　注册页面模板的另一种实现

当前"注册.html"模板的表单部分是编写的 HTML 代码。实际上，这部分代码完全可以用表单数据"form"自动生成。

用新的代码替换对应的代码（11.1.1 节模板代码中加粗的部分）。

```
<div class="signin-form">
    {% for 标签 in form %}
    {% if not forloop.last %}
    <div class="form-group">
        <label for="{{ 标签.id_for_label }}">{{ 标签.label }}</label>
        {{ 标签 }}
        {{ 标签.errors }}
    </div>
    {% endif %}
    {% endfor %}
</div>
```

在"注册表单"中字段列表的最后一个字段是"注册协议"，因为样式设置的关系这个字段不需要自动生成。所以，在"for"循环中，需要进行条件判断，如果不是循环最后一项"{% if not forloop.last %}"就写入标签代码和标签的错误消息。

11.1.5　完善注册表单

如图 11-2 所示，当修改完"注册.html"模板代码之后，页面变得有些混乱。这是因为缺少了样式和标签文本等元素所导致的。可以通过在"注册表单"中添加更多的内容来解决这个问题。

在"注册表单"的子类"Meta"中编写代码，添加控件（Widgets）、标签（Labels）、帮助文本（Help Text）以及错误消息（Error Message）的设置。

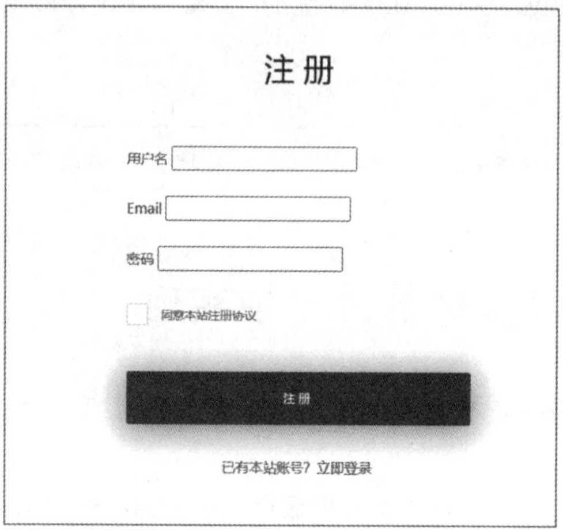

图 11-2　缺少样式的页面

```
class Meta:
    model = 用户
    fields = ['username', 'email', 'password', '注册协议']

    widgets = {                                        # 指定控件并设置样式和提示文字的属性
        'username': forms.TextInput(attrs={'class': 'form-control', 'placeholder':
'请输入账号名称'}),
        'password': forms.PasswordInput(attrs={'class': 'form-control', 'place-
holder': '请输入登录密码'}),
        'email': forms.EmailInput(attrs={'class': 'form-control', 'placeholder': '请
输入邮箱地址'}),
    }
    labels = {                                         # 设置页面中显示的字段名称
        'username': '账号',
        'password': '密码',
        'email': '邮箱',
    }
    help_texts = {                                     # 设置控件的帮助文本
        'username': '英文字母、数字以及下划线',        # 仅在此处举例，未在页面呈现
    }
    error_messages = {                                 # 设置控件的必填提示
        'username': {'required': '用户账号不能为空！'},
        'password': {'required': '用户密码不能为空！'},
```

180

```
        'email': {'required':'用户邮箱不能为空！'},
 }
```

添加完设置之后，重启 Web 服务器，就能够显示正常的注册页面了。

但是，当前的注册页面对注册信息没有严格的要求，账号和密码只要填入任意一个字符就能通过验证，这显然不符合我们的要求。所以，需要给账号和密码字段添加一些条件属性，例如，最小长度和最大长度，这就需要重写字段。而如果重写字段，上面的这些设置就需要在重写字段时添加。完整代码如下。

```
class 注册表单(forms.ModelForm):
    def __init__(self, *args, **kwargs):
        super().__init__(*args, **kwargs)
        self.fields['email'].widget.attrs.update(       # 为邮箱控件设置样式与提示文字
            {
                'class':'form-control',
                'placeholder':'请输入邮箱地址'
            }
        )
        self.fields['email'].label = '邮箱'               # 为邮箱控件设置中文标签
        self.fields['email'].error_messages['required'] = '用户邮箱不能为空！'
# 为邮箱控件设置必填提示

    username = forms.CharField(                          # 重写账号字段
        min_length=6,                                   # 添加账号最小长度限制
        max_length=20,                                  # 添加账号最大长度限制
        label='账号',                                    # 为账号控件设置中文标签
        widget=forms.TextInput(                         # 为账号控件设置样式与提示文字
            attrs={
                'class':'form-control',
                'placeholder':'请输入账号名称'
            }
        ),
        error_messages={                                # 为账号控件设置错误提示
            'max_length':'账号字符数量不得超过 20 位！',
            'min_length':'账号字符数量长度不得小于 6 位！',
            'required':'登录账号不能为空！'
        }
    )
    password = forms.CharField(                          # 重写密码字段
        min_length=8,                                   # 添加密码最小长度限制
```

```
        max_length=20,                          # 添加密码最大长度限制
        label='密码',                           # 为密码控件设置中文标签
        widget=forms.PasswordInput(             # 为密码控件设置样式与提示文字
            attrs={
                'class':'form-control',
                'placeholder':'请输入登录密码'
            }
        ),
        error_messages={                        # 为密码控件设置错误提示
            'max_length':'登录密码长度不得超过 20 位！',
            'min_length':'登录密码长度不得小于 8 位！',
            'required':'登录密码不能为空！'
        }
    )


    注册协议 = forms.BooleanField(required=True, error_messages={
        'required':'请先同意用户注册协议！'
    })


    class Meta:
        model = 用户
        fields = ['username','email','password','注册协议']
```

现在，在注册页面中输入错误的内容，就能够看到对应的提示，如图 11-3 所示。

图 11-3　注册表单的错误提示

11.1.6　使用内置模型表单——UserCreationForm

其实不用这么麻烦！Django 提供了"UserCreationForm"表单，它是创建新用户的模型表单。这个表单包含三个字段："username"（来自"用户"模型）、"password1"以及"password2"。也就是说，当用户注册时，需要重复输入密码，"UserCreationForm"能够自动检查两个密码是否一致，并对密码进行有效性验证，验证通过时进行用户密码的设置。但是，我们的"注册.html"模板只有一个密码输入框，需要进行修改才能使用。

为了区别已有的注册模板，新建一个名为"用户注册.html"的模板文件，完整代码如下。

```
{% extends '基本.html' %}
{% block 标题 %}注册{% endblock %}
{% block 页面内容 %}
<section class="signin signup">
    <div class="container">
        <div class="sign-content">
            <h2>注 册</h2>
            <form method="post">
                {% csrf_token %}
                <div class="row">
                    <div class="col-sm-12">
                        <div class="signin-form">
                            {% for 标签 in form %}
                            {% if 标签.name ! = '注册协议' %} <! -- 排除注册协议复选框 -->
                            {% if 标签.name == 'password1' %} <! -- 如果是第一个密码控
件，创建带有隐藏属性的控件 -->
                                <div class="d-none">{% else %}<div class="form-group">
                                {% endif %}
                                    <label for="{{ 标签.id_for_label }}">{{ 标签.label }}
</label>

                                    {{ 标签 }}
                                    {{ 标签.errors }}
                                </div>
                                {% endif %}
                                {% endfor %}
                        </div>
                    </div>
                </div>
```

```
            <div class="row">
                <div class="col-sm-12">
                    <div class="signin-form">
                        <div class="awesome-checkbox-list">
                            <ul class="unstyled centered errorlist">
                                <li>
                                    <input class="styled-checkbox" id="styled-
checkbox" type="checkbox"
                                        name="注册协议" {% if form.注册协议.value
%}checked="checked" {% endif %}>
                                    <label for="styled-checkbox">同意本站注册协议
</label>
                                </li>
                                <li></li>
                            </ul>
                        </div>
                    </div>
                </div>
            </div>
            <div class="row">
                <div class="col-sm-12">
                    <div class="signin-form">
                        {{ form.注册协议.errors }}
                    </div>
                </div>
            </div>
            <div class="row">
                <div class="col-sm-12">
                    <div class="signin-footer">
                        <button type="submit" class="btn signin_btn"
                            Onclick="this.disabled=true;this.form.submit
();">注 册</button>
                        <p>已有本站账号？ <a href="/登录">立即登录</a></p>
                    </div>
                </div>
            </div>
        </form>
    </div>
</div>
```

```
</section>
<script>
$(document).ready(function(){
    $('#id_password2').change(function () { <!-- 第二个密码控件输入时 -->
        $('#id_password1').val($('#id_password2').val()); <!-- 将第一个密码控件的值设
置为第二个密码控件的值 -->
    });
});
</script>
{% endblock %}
```

示例代码中，循环写入控件时，需要排除"注册协议"控件，只有控件名称不是"注册协议"时才进行控件的写入。并且，如果是第一个密码控件需要使用样式类"d-none"隐藏密码控件组合。这是因为密码的错误提示默认在第二个密码控件上。另外，我们还需要添加一个 JS 脚本程序，让两个密码控件的值实时保持一致。

现在，单击注册按钮时就会向服务器提交包含"username""email""password1""password2"以及"注册协议"的 5 项数据。

"UserCreationForm"表单没有包含的字段需要编写代码进行扩展，完整代码如下。

```
from django.contrib.auth.forms import UserCreationForm

class 用户表单(UserCreationForm):   # 继承内置的创建用户模型表单
    def __init__(self, *args, **kwargs):
        super().__init__(*args, **kwargs)
        self.fields['username'].widget.attrs.update({'class': 'form-control',
'placeholder': '请输入账号名称'})
        self.fields['email'].widget.attrs.update({'class': 'form-control',
'placeholder': '请输入邮箱地址'})
        self.fields['password2'].widget.attrs.update({'class': 'form-control',
'placeholder': '请输入登录密码'})
        self.fields['password2'].label = '密码'

    注册协议 = forms.BooleanField(required=True, error_messages={
        'required': '请先同意用户注册协议！'
    })

    class Meta:
        model = 用户
        fields = ['username', 'email', '注册协议']
```

```
labels = {
    'username':'账号',
    'email':'邮箱',
}
```

"UserCreationForm" 表单对账号和密码提供了完善的合法性验证，例如长度过短、密码不能过于简单、密码不能够和账号相似等，如图 11-4 所示。

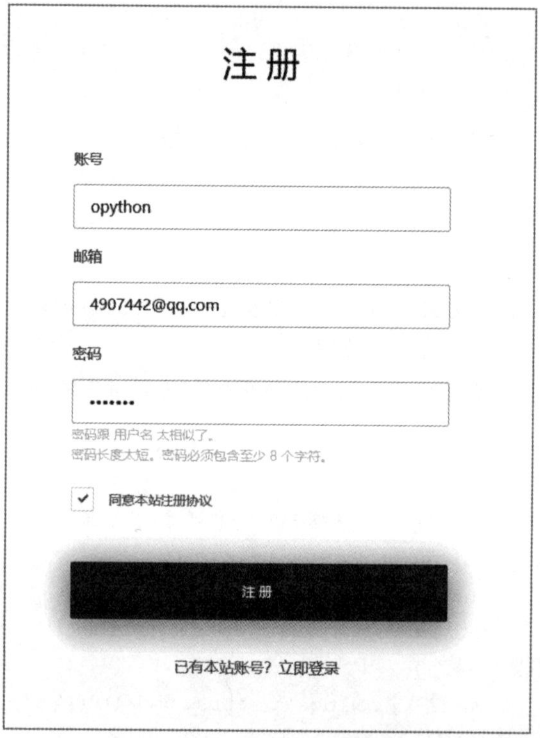

图 11-4　表单合法性验证提示

因为使用了新的模板和表单，需要同步调整视图代码。并且，当单击注册按钮时，如果表单数据未通过验证，密码控件的值会被清空。这是因为 "UserCreationForm" 自动清除了不合法的密码值。如果需要密码值能够回填，可以在注册视图中，通过重写 "form_invalid" 方法实现。

```
from .forms import 用户表单

class 注册(FormView):                          # 使用 UserCreationForm 时的注册视图
    template_name = '注册/用户注册.html'          # 使用新的模板
    form_class = 用户表单                         # 使用新的表单
```

```
success_url = '/邮箱验证提示/'

def form_invalid(self, form):
    密码 = self.request.POST.get('password2', '')        # 获取请求数据中任意一个密码值
    form.fields['password1'].widget.attrs.update({'value': 密码})   # 添加密码值
到响应数据的表单字段
    form.fields['password2'].widget.attrs.update({'value': 密码})
    return super().form_invalid(form)
```

11.1.7　保存注册表单数据——Session

接下来，需要进一步完成表单数据通过验证时的功能代码，尚未实现的功能如下。

1）存储注册表单的数据。

2）发送注册验证链接到用户邮箱。

3）用户打开注册验证链接时进行新用户的创建。

还需要考虑一些可能出现的问题。

1）用户在注册过程中可能使用不同的设备进行操作，例如使用计算机提交注册信息，使用手机打开邮箱中的注册验证链接。

2）用户可能放弃注册，在提交注册信息后不打开注册验证链接。

从以上两点考虑，不能将注册表单的数据存储在客户端，而是要存储在服务器端。并且，不能预先创建未激活的用户，以免用户放弃注册时，影响其他使用相同账号进行注册的用户。例如用户使用账号"Opython"提交注册信息后放弃了注册，因为账号的唯一性限制，其他用户则不能再使用"Opython"作为账号进行注册。

我们要选择的方案是将注册表单的数据保存在 Session（会话）中。用户与服务器进行通信时会创建 Session。Django 默认使用数据库保存 Session。Session 有效期默认是 14 天。如图 11-5 所示，数据库中名为"django_session"的数据表用来保存 Session 记录，每一条 Session 记录包含"session_key"（编号）、"session_data"（数据）和"expire_date"（终止日期）。

在视图中，可以通过"request"调用当前用户的 Session，并像操作字典一样操作 Session 对象，进行数据的存储与读取操作。

当前的"注册"视图，需要重写表单验证通过时的"form_valid"方法。

```
def form_valid(self, form):
    邮箱地址 = form.cleaned_data['email']
    self.request.session['邮箱站点'] = f'mail.{邮箱地址.split("@")[1]}'   # 获取邮箱
后缀组成邮箱站点地址
```

```
    self.request.session['注册信息'] = form.cleaned_data  # 保存注册表单数据（清理 HTML
代码后的数据）
    if self.request.session.session_key:           # 如果数据库中已存在 Session
        self.request.session.save()                # 保存已有的 Session
    else:                                          # 否则
        self.request.session.create()              # 创建新的 Session
```

在示例代码中，先从提交的表单数据（去除 HTML 代码）中获取邮箱地址。

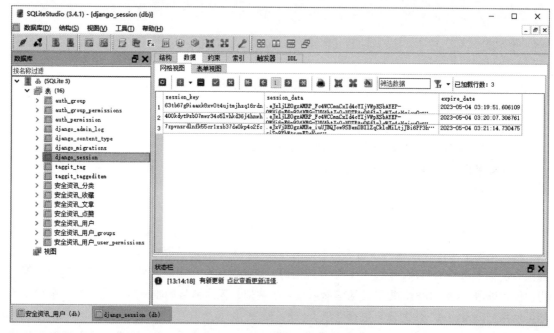

图 11-5　数据库中的 Session 表

> **提示**
>
> "cleaned_data" 是 Django 自动去除 HTML 代码后的表单数据。

　　然后，通过邮箱地址取得邮箱后缀，以"邮箱站点"为键（Key），保存到 Session 对象中，供之后使用。同时也将所有表单数据（去除 HTML 代码）以"注册信息"为键保存到 Session 中。Session 对象包含"save"方法，能够对已存在的 Session 进行保存。但是，如果是用户首次访问网站则可能 Session 尚未创建，使用"save"方法也许不能正常工作。所以，我们获取会话编号"session_key"进行判断，如果数据库中已存在包含该会话编号的 Session，使用"save"方法进行保存，否则使用"create"方法在数据库中创建新的 Session。

　　接下来，需要创建注册验证的链接，并发送到用户的邮箱中。

11.1.8　生成注册验证链接——Itsdangerous

注册验证链接需要带有期限，例如 5 分钟后过期。并且，注册验证链接需要带有会话编号，以便验证时从 Session 中获取保存的注册信息。无论是有效期限还是会话编号，都不应该以明文方式添加到链接中，所以进行加密和解密的操作是必不可少的。这里使用 "itsdangerous" 库，它能够帮助我们完成数据的加解密，并且能够自动验证链接是否超出了设定的期限。

首先，安装 "itsdangerous" 库。执行命令：

```
pip install itsdangerous
```

然后，编写相关函数，完整代码如下。

```
import base64                                                    # 引入编码工具
from itsdangerous import URLSafeTimedSerializer as 序列化类        # 引入序列化工具
from django.conf import settings                                 # 引入配置文件

def 生成令牌(会话编号):
    盐 = base64.encodebytes(bytes(settings.SECRET_KEY, 'utf-8'))   # 对 Django 的密钥转
为字节类型并进行编码作为盐
    序列化器 = 序列化类(settings.SECRET_KEY, salt=盐)   # 使用 Django 密钥进行加盐创建序列化器
    令牌 = 序列化器.dumps(会话编号)                # 将会话编号序列化产生令牌数据
    return 令牌

def 读取令牌(令牌, 有效时长=300):
    盐 = base64.encodebytes(bytes(settings.SECRET_KEY, 'utf-8'))   # 对 Django 的密钥转
为字节类型并进行编码作为盐
    序列化器 = 序列化类(settings.SECRET_KEY, salt=盐)   # 使用 Django 密钥进行加盐创建序列化器
    会话编号 = 序列化器.loads(令牌, max_age=有效时长) # 从令牌数据中读取会话编号
    return 会话编号

def 获取验证链接(会话编号):
    令牌 = 生成令牌(会话编号)
    验证链接 = f'http://localhost:80/注册验证/{令牌}'
    return 验证链接
```

项目配置文件 "settings.py" 中包含自动生成的密钥 "SECRET_KEY"。我们可以用这个密钥作为数据加解密的密钥，以及加解盐操作的字符串。

"itsdangerous" 库包含一个 "URLSafeTimedSerializer" 类，通过这个类的实例能够生成带有时间戳的令牌数据。在 "创建令牌" 函数中，把 "会话编号" 作为序列化的原始数据，生成的

令牌数据。在"读取令牌"函数中通过相同的序列化器对令牌数据进行读取，就能还原得到"会话编号"，并且还能够通过时间戳验证令牌是否超出了指定的期限，默认有效期为"300"秒。

> **提示**
>
> 盐（Salt）是一个字符串。加盐是对原始密钥的再次加密，从而达到更高强度的加密效果。解盐则是指从最终密钥中提取原始密钥。

在"创建链接"函数中将生成的令牌数据作为"令牌"参数添加到注册验证链接中，返回完整的链接地址。

11.1.9 发送注册验证邮件

注册链接以及相应的提示文本需要以邮件形式发送到用户的邮箱中。我们可以使用 Django 的发送邮件函数。

```
from django.core.mail import send_mail   #引入发送邮件的函数
```

然后，在"form_invalid"方法中继续编写代码。

```
def form_valid(self, form):
    ...省略部分代码...
    验证链接 = 获取验证链接(self.request.session.session_key)      # 获取注册验证链接
    消息 = f'请单击验证链接完成用户注册，此链接有效期 5 分钟。\n{验证链接}'
    send_mail(
        subject='安全资讯-用户注册验证',                              # 邮件标题
        message=消息,                                              # 邮件正文
        from_email=None,                                          # 发送邮箱
        recipient_list=[邮箱地址],                                  # 接收邮箱
        fail_silently=False                                       # 失败引发异常
    )
    return super().form_valid(form)
```

最后，在配置文件"settings.py"文件中，添加发送邮件的设置，以下以 QQ 邮箱为例。

```
#发送邮件配置
import socket

EMAIL_HOST = socket.gethostbyname('smtp.qq.com')       # 解决不支持 IPv6 导致的发送缓慢
#EMAIL_HOST = 'smtp.qq.com'                             # 邮箱服务器地址
EMAIL_PORT = 465                                       # 邮箱端口号
EMAIL_HOST_USER = '4907442@qq.com'                     # 邮箱用户
```

```
EMAIL_HOST_PASSWORD = 'hjszbecxxqxxxxxx'          # 邮箱密码/授权码
EMAIL_USE_TLS = False                             # 关闭 TLS 支持
EMAIL_USE_SSL = True                              # 开启 SSL 支持
DEFAULT_FROM_EMAIL = '4907442@qq.com'             # 默认发件邮箱
```

因为 QQ 邮箱当前不支持 IPv6，直接填写服务器地址会导致发送邮件异常缓慢，所以需要引入套接字模块 "socket"，通过 "gethostbyname" 方法获取服务器的 IPv4 地址进行解决。

11.1.10　编写邮箱验证提示模板

在 "注册" 视图中，我们设置了成功验证之后跳转的地址 "/邮箱验证提示/"。也就是说，注册验证邮件发送成功之后，需要呈现一个提示页面。

添加一个 "邮箱验证提示.html" 模板，完整代码如下。

```
{% extends '基本.html' %}
{% block 标题 %}邮箱验证提示{% endblock %}
{% block 页面内容 %}
<div class="page-area">
    <div class="container">
        <div class="row justify-content-center">
            <div class="col-xl-6 col-lg-6">
                <div class="part-text">
                    <p>已向邮箱地址<span>{{ request.session.注册信息.email }}</span>
                        发送了一封验证邮件，请登录邮箱后点击验证链接完成注册。
                        <a href="//{{ request.session.邮箱站点 }}">进入邮箱 &gt; &gt;
&gt;</a></p>
                </div>
            </div>
        </div>
    </div>
    <div class="part-img">
        {% load static %}
        <img src="{% static 'assets/img/bg.png' %}" alt="">
    </div>
</div>
{% endblock %}
```

在示例代码中，通过请求对象 "request" 获取会话 "session" 中保存的数据，呈现出用户提交的邮箱地址，以及对应的邮箱站点。

在 Web 应用的 "urls.py" 文件中添加 "邮箱验证提示" 的访问规则。

```
path('邮箱验证提示/', TemplateView.as_view(template_name='注册/邮箱验证提示.html')),
```

现在，提交注册数据后会跳转到 "邮箱验证提示" 页面。

11.1.11　编写注册验证函数

当用户收到注册验证邮件时，单击邮件中的注册验证链接，即可完成注册的最终步骤，如图 11-6 所示。

图 11-6　注册验证邮件

很明显 "注册验证" 需要添加相应的访问规则。

```
path('注册验证/<str:令牌>', views.注册验证),
```

并且，需要编写响应的视图函数 "注册验证"。访问规则中指定了链接中的哪一部分是令牌参数，这个参数需要视图函数接收，而不是通过 "GET" 或 "POST" 进行获取。

创建视图函数 "注册验证"，完整代码如下。

```
from itsdangerous import SignatureExpired            # 引入签名过期异常
from django.contrib.sessions.models import Session   # 引入会话类
from django.shortcuts import render                  # 引入渲染函数
from django.contrib.auth import login                # 引入登录函数
from django.db.utils import IntegrityError           # 引入数据完整性异常
from django.contrib import messages                  # 引入消息模块


def 注册验证(request, 令牌):
    try:
        会话编号 = 读取令牌(令牌)                         # 解密令牌数据取得会话编号
        会话数据 = Session.objects.get(pk=会话编号).get_decoded()
                                                       # 获取 session 对象中的数据
        注册信息 = 会话数据['注册信息']
```

```
    try:
        新用户 = 用户.objects.create_user(              # 创建新用户
            username=注册信息['username'],
            email=注册信息['email'],
            password=注册信息['password1']
        )
        login(request, 新用户)                          # 登录用户
        messages.success(request, '恭喜您！注册成功。已为您自动登录。')   # 写入成功消息
    except IntegrityError:                              # 捕获数据完整性异常
        messages.error(request, '用户已成功注册，请勿重复验证！')   # 写入失败消息
    except SignatureExpired:                            # 捕获令牌签名过期异常
        messages.error(request, '验证链接已过期！请重新进行注册。')   # 写入失败消息
    return render(request, '注册/注册验证结果.html')       # 返回渲染后的页面
```

在示例代码中，先通过"读取令牌"函数对令牌数据进行解密，并验证签名是否过期。如果令牌签名过期，会引发"SignatureExpired"异常。如果令牌签名还在有效期内，则可以取得令牌数据中的"会话编号"，通过"会话编号"从数据库中取得会话对象，并通过"get_decoded"方法获得解码后的会话数据。

从会话数据中获取用户的"注册信息"，并据此创建新的用户。

创建用户时可能出现"IntegrityError"异常，说明提交的数据不是完好的数据。例如不符合唯一性约束（已存在相同用户）。如果创建用户成功，则使用 Django 提供的"login"函数为用户自动登录。

无论注册验证成功还是失败，都需要写入消息，为用户呈现一个"注册验证结果"页面。

11.1.12　编写注册验证结果模板

在"注册"文件夹中，创建"注册验证结果.html"，完整代码如下。

```
{% extends '基本.html' %}
{% block 标题 %}注册结果{% endblock %}
{% block 页面内容 %}
<div class="page-area">
    <div class="container">
        <div class="row justify-content-center">
            <div class="col-xl-6 col-lg-6">
                <div class="part-text">
                    {% for 消息 in messages %}
                    {% if 消息.tags == 'success' %}
```

```
                    <p>{{ 消息 }}<a href="/"> 进入首页 &gt;&gt;&gt;</a></p>
                    {% endif %}
                    {% if 消息.tags == 'error' %}
                    <p>{{ 消息 }}<a href="{% url '注册' %}"> 继续注册 &gt;&gt;&gt;</a></p>
                    {% endif %}
                    {% endfor %}
                </div>
            </div>
        </div>
    </div>
    <div class="part-img">
        {% load static %}
        <img src="{% static 'assets/img/bg.png' %}" alt="">
    </div>
</div>
{% endblock %}
```

在示例代码中，对视图传来的消息数据进行遍历，如果消息标签（Tags）为成功（Success），则显示消息并通过链接引导用户进入首页。如果消息标签为失败（Error），则通过链接引导用户重新进行注册。

至此，关于注册功能的代码就全部编写完毕了。

11.2　实现登录与退出功能

用户登录需要先进入登录页面，填写登录信息后，再进行登录验证，根据不同的验证结果给予用户相应反馈，如图 11-7 所示。

图 11-7　网站登录页面

11.2.1　编写登录模板

我们之后将使用 Django 自带的验证系统进行登录验证，并记录用户的登录状态。用户未登录时，打开"登录"链接需要显示登录表单，而用户登录之后，则需要屏蔽登录表单，显示用户已经登录的提示。

如果使用了 Django 的验证系统，在 Django 的模板中，通过"user.is_authenticated"能够获取用户是否已经登录的布尔值。如果"user.is_authenticated"为真值，则显示已经登录的提示，否则，正常显示登录表单。

登录模板"登录.html"的完整代码如下。

```
{% extends '基本.html' %}
{% block 标题 %}登录{% endblock %}
{% block 页面内容 %}
{% if user.is_authenticated %}
<div class="page-area">
    <div class="container">
        <div class="row justify-content-center">
            <div class="col-xl-6 col-lg-6">
                <div class="part-text text-center">
                    <h4>你的账户已登录！</h4>
                </div>
            </div>
        </div>
        <div class="part-img">
            {% load static %}
            <img src="{% static 'assets/img/bg.png' %}" alt="">
        </div>
    </div>
</div>
{% else %}
<section class="signin">
    <div class="container">
        <div class="sign-content">
            <h2>登 录</h2>
            <form method="post">
                {% csrf_token %}
                <div class="row">
```

```
                    <div class="col-sm-12">
                        {% if form.errors %}
                        <div class="alert alert-danger">● 用户名或密码错误</div>
                        {% endif %}
                        <div class="signin-form">
                            <div class="form-group">
                                <label for="username">账号</label>
                                <input type="text" class="form-control" name="user-
name" id="username"
                                    placeholder="请输入用户账号"
                                    value="{% if form.username.value %}{{ form.user-
name.value }}{% endif %}">
                            </div>
                            <div class="form-group">
                                <label for="password">密码</label>
                                <input type="password" class="form-control" name="
password" id="password"
                                    placeholder="请输入登录密码"
                                    value="{% if form.password.value %}{{ form.pass-
word.value }}{% endif %}">
                            </div>
                        </div>
                    </div>
                </div>
                <div class="row">
                    <div class="col-sm-12">
                        <div class="signin-password">
                            <div class="awesome-checkbox-list">
                                <ul class="unstyled centered">
                                    <li>
                                        <input class="styled-checkbox" id="styled-
checkbox" type="checkbox"
                                            name="记住密码">
                                        <label for="styled-checkbox">记住密码</label>
                                    </li>
                                    <li>
                                        <a href="/重置密码">忘记密码？</a>
                                    </li>
                                </ul>
```

```
                    </div>
                </div>
            </div>
        </div>
        <div class="row">
            <div class="col-sm-12">
                <div class="signin-footer">
                    <button type="submit" class="btn signin_btn">登 录</button>
                    <p>还没有本站账号?<a href="{% url '注册' %}">立即注册</a></p>
                </div>
            </div>
        </div>
    </form>
    </div>
</div>
</section>
{% endif %}
{% endblock %}
```

11.2.2　编写登录函数

"登录"视图函数使用 Django 的 "authenticate" 函数进行登录验证，完整代码如下。

```
from django.contrib.auth import authenticate            # 引入权限验证函数
from django.shortcuts import redirect                   # 引入重定向函数
from django.forms import modelform_factory              # 引入模型表单工厂函数

def 登录(request):
    if request.method == "GET":                         # 如果是 Get 方法
        return render(request, '登录.html')              # 返回渲染后的登录页面
    if request.method == "POST":                         # 如果是 Post 方法
        账号 = request.POST['username']                  # 获取账号
        密码 = request.POST['password']                  # 获取密码
        登录用户 = authenticate(request, username=账号, password=密码)   # 进行登录验
证，成功返回用户对象，失败返回 None 值
        if 登录用户:                                     # 如果取得登录用户对象
            login(request, 登录用户)                     # 使用用户对象登录
            return redirect(request.GET.get('next', '首页'))   # 重定向到网站首页
```

197

```
        else:                                           # 如果登录失败
            表单类 = modelform_factory(用户, fields=('username', 'password'))  # 模型
表单工厂创建表单类
            form = 表单类(request.POST)                  # 使用登录数据实例化表单类获取表单
            form.errors ['错误'] = '用户名或密码错误'      # 为表单添加错误信息
            return render(request, '登录.html', {'form': form})  # 将表单渲染到模板形成页
面后返回
```

在示例代码中，通过 "authenticate" 函数对前端提交的账号和密码进行登录验证，如果验证成功会返回用户对象，否则返回 "None" 值。

如果返回值是用户对象，使用登录函数 "login" 将用户信息写入会话（Session），从而在当前会话中保持登录状态，而后重定向到网站首页。否则，使用前端提交的账号和密码创建表单对象，并添加错误信息，渲染到模板形成页面后，返回到前端。

对于像登录表单这样比较简单的表单，可以不用编写表单类，而是直接使用模型表单工厂函数 "modelform_factory" 生成表单类，再实例化为表单对象。

最后，在 Web 应用的 "urls.py" 文件中，添加登录的访问规则，登录功能就可以使用了。

```
path('登录/', views.登录, name='登录'),
```

11.2.3　编写退出功能

首先，我们需要在导航菜单模板 "导航.html" 中添加退出链接。用户未登录时，显示 "登录|注册" 按钮。用户已登录时，显示用户的账号，以及包含功能链接的下拉菜单。

被替换的代码：

```
<div class="col-xl-2 col-lg-2 align-items-center">
    <div class="submit-button">
        <a href="/">登录 |注册</a>
    </div>
</div>
```

替换后的代码：

```
{% if not user.is_authenticated %}
<div class="col-xl-2 col-lg-2 align-items-center">
    <div class="submit-button">
        <a href="{% url '登录' %}">登录 |注册</a>
    </div>
</div>
{% else %}
```

```
<li class="nav-item dropdown">
    <a class="nav-link dropdown-toggle" href="#" data-toggle="dropdown"
      aria-haspopup="true" aria-expanded="false">
        {{ user }} <i class="fas fa-angle-down"></i>
    </a>
    <div class="dropdown-menu" aria-labelledby="05">
        <a class="dropdown-item" href="">我的收藏</a>
        <a class="dropdown-item" href="">修改密码</a>
        <a class="dropdown-item" href="{% url '退出' %}">退出登录</a>
    </div>
</li>
{% endif %}
```

然后，在 Web 应用的 "urls.py" 文件中添加退出账户的访问规则。

```
path('退出/', views.退出, name='退出'),
```

最后，编写 "退出" 函数。

```
from django.contrib.auth import logout          # 引入退出登录函数


def 退出(request):
    logout(request)                              # 退出登录
    return redirect(settings.LOGOUT_REDIRECT_URL)  # 重定向到指定地址
```

退出函数 "logout" 能够清理（Flush）会话（session），将用户变更为匿名用户（AnonymousUser），从而清理掉当前用户的登录状态。退出登录后的地址，可以在配置文件 "settings.py" 中设定。

本案例中的设置如下。

```
from django.urls import reverse_lazy             #引入 URL 反向解析函数
LOGOUT_REDIRECT_URL = reverse_lazy('首页')        # 反向解析首页地址
```

因为 "settings.py" 文件加载早于 "urls.py"，在示例代码中使用了 "reverse_lazy" 函数，它是 "reverse" 函数的惰性实现，在需要该值之前不会执行，从而避免在无法获知 URL 时导致的异常。

最后，在 Web 应用的 "urls.py" 文件中，添加一条临时的 "首页" 访问规则。

```
path('', TemplateView.as_view(template_name='首页.html'), name='首页'),
```

此时，就能够正常使用登录与退出功能了。

11.2.4　使用通用视图

其实，编写登录函数是一个麻烦的方式。最简单的方式是使用 Django 提供的登录视图

（LoginView），完整代码如下。

```
from django.contrib.auth.views import LoginView

class 登录(LoginView):
    template_name = '登录.html'
```

你没看错，就是如此简单！在 Web 应用的 "urls.py" 文件中修改 "登录" 的访问规则。

```
path('登录/', views.登录.as_view(), name='登录'),
```

最终效果与我们编写的登录函数相同。登录后打开的页面地址，可以在配置文件 "settings.py" 中设定。

```
LOGIN_REDIRECT_URL = reverse_lazy('首页')
```

如果不进行设置，则会打开默认地址 "/accounts/profile/"。

退出功能同样可以使用通用视图。在 Web 应用的 "urls.py" 文件中引入退出视图 "Logout-View"。

```
from django.contrib.auth.views import LogoutView
```

然后添加 "退出" 的访问规则。

```
path('退出/', LogoutView.as_view(), name='退出'),
```

退出之后，会自动打开配置文件中设置的 "LOGOUT_REDIRECT_URL"。如果在退出账号时还需要添加其他功能，可以在视图文件 "views.py" 中自定义一个视图类继承 "LogoutView"，并重写相关的方法。

```
class 退出(LogoutView):
    ...
```

11.2.5　记住登录密码

在登录表单中，有一个 "记住密码" 的复选框。如果勾选这个选项，浏览器关闭之后再次打开网站时，账号能够保持登录的状态。否则，为未登录状态。实现这样的功能，可以通过设置 Session 有效期来实现。当用户首次访问网站时，会在本地自动生成带有 Session 信息的 Cookie 文件，包含 Session Key 的值以及有效期等，如图 11-8 所示。

提示

查看 Cookie 文件数据，可以使用 Chrome 浏览器，按快捷键<F12>进入检查功能，打开网络（Network）界面，单击页面地址（刷新页面后显示），即可在右侧窗口查看 Cookie。

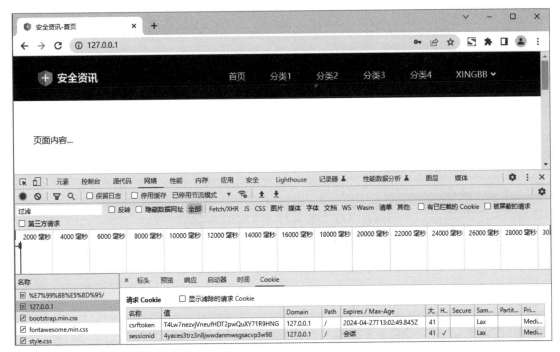

图 11-8　本地的 Cookie 文件数据

当用户再次访问网站时，会先从本地缓存中读取 Cookie 文件，获取 Session 信息。如果 Session 没有过期，就会通过 Session Key（sessionid）的值从服务器中取得 Session 数据，从而保持会话状态。

> **提示**
>
> Cookie 文件丢失将会导致 Session 无法恢复，这也是清理浏览器缓存会导致网站登录状态消失的原因。

但是，在当前所产生的 Cookie 文件中，Session 有效期为"会话"。也就是说，当用户关闭浏览器，Session 的有效期就会终止。当用户再次访问网站时，会开启新的会话。如果是这样，登录状态就无法被保存。

为了能够在用户勾选"保存密码"选项时，保存用户的登录状态，需要在"登录"视图中进行处理。如果表单有效，则根据"记住密码"的选中状态设置 Session 的有效期。全部代码如下。

```
class 登录(LoginView):
    template_name = '登录.html'
```

```
def form_valid(self, form):                              # 有效表单
    if self.request.POST.get('记住密码', '') == 'on':      # 如果勾选记住密码
        self.request.session.set_expiry(1209600)         # 有效期 14 天的秒数
    else:                                                # 否则
        self.request.session.set_expiry(0)               # 有效期为本次会话
    return super().form_valid(form)
```

现在，当我们在登录表单中勾选了 "记住密码" 的复选框，并成功登录网站时，本地 Cookie 文件数据中的 Session 有效期就变成了 14 天后的截止日期，如图 11-9 所示。

图 11-9　改变 Session 有效期后的 Cookie 数据

11.3　实现修改密码功能——PasswordChangeView

修改密码只需要提供旧密码和新密码即可完成修改。如果没有页面外观的要求，可以直接使用 Django 的 "PasswordChangeView" 和 "PasswordChangeDoneView" 视图。

11.3.1　使用默认视图

先在 "导航.html" 模板中为 "修改密码" 菜单添加访问路径。

```
<a class="dropdown-item" href="{% url '改密' %}">修改密码</a>
```

然后，在 Web 应用的 "urls.py" 文件中引入 "PasswordChangeView" 和 "Password-ChangeDoneView" 类。

```
from django.contrib.auth.views import PasswordChangeView, PasswordChangeDoneView
```

最后，添加访问规则。

```
path('修改密码/', PasswordChangeView.as_view(), name='改密'),
path('修改成功/', PasswordChangeDoneView.as_view(), name='password_change_done'),
```

默认情况下，"PasswordChangeView" 视图会在密码修改成功时，自动反向解析名称为 "password_change_done" 的 URL。所以，在访问规则中，"修改成功" 的 URL 名称需要命名为 "password_change_done"，否则会引发 404 错误。此时，在导航菜单中单击 "修改密码"

菜单项，会打开 Django 默认的密码修改页面，如图 11-10 所示。

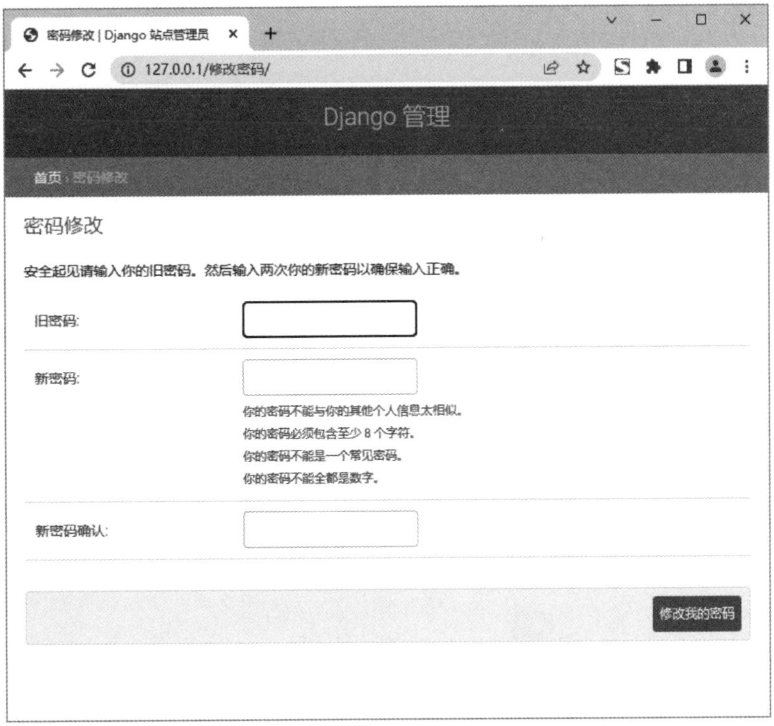

图 11-10　默认的修改密码页面

　　在这个页面中，修改密码表单包含了三个输入框控件，一个需要输入旧密码，另外两个输入新密码。当输入了符合要求的密码之后，单击"修改我的密码"按钮就能够完成密码修改，并跳转到密码修改成功的页面，如图 11-11 所示。

图 11-11　默认的修改密码成功页面

11.3.2　使用自定义模板

Django 的页面样式与我们网站的样式不太搭配，还是使用自定义的模板更适合一些，如图 11-12 所示。

图 11-12　自定义修改密码页面

为了便于模板管理，先在"templates"文件夹中添加一个名为"修改密码"的文件夹，再添加名为"修改密码.html"和"修改成功.html"的模板文件。

Django 默认的修改密码模板中，包含一个旧密码和两个新密码控件。我们的"修改密码.html"模板中也需要包含这些控件。但是，我们还是采用隐藏一个密码控件的方式，让用户只需要输入一次新密码。

"修改密码.html"模板的完整代码如下。

```
{% extends '基本.html' %}
{% block 标题 %}修改密码{% endblock %}
{% block 页面内容 %}
<div class="page-area">
    <div class="container">
        <div class="row justify-content-center">
            <div class="col-xl-6 col-lg-6">
```

```html
        <div class="signin-form">
            <form method="post">
                {% csrf_token %}
                <div class="form-group">
                    <label for="id_old_password">旧密码</label>
                    <input type="password" class="form-control" id="id_old_
password"
                        name="old_password" placeholder="请输入旧的登录密码"
                        value="{% if form.old_password.value %}{{ form.
old_password.value }}{% endif %}">
                    {{ form.old_password.errors }}
                </div>
                <div class="form-group d-none"> <!-- 隐藏的输入控件 -->
                    <label for="id_new_password1">新密码</label>
                    <input type="password" class="form-control" id="id_new_
password1"
                        name="new_password1" placeholder="请输入新的登录密码"
                        value="{% if form.new_password1.value %}{{ form.
new_password1.value }}{% endif %}">
                    {{ form.new_password1.errors }}
                </div>
                <div class="form-group">
                    <label for="id_new_password2">新密码</label>
                    <input type="password" class="form-control" id="id_new_
password2"
                        name="new_password2" placeholder="请输入新的登录密码"
                        value="{% if form.new_password2.value %}{{ form.
new_password2.value }}{% endif %}">
                    {{ form.new_password2.errors }}
                </div>
                <button type="submit" class="btn btn-primary">提 交</button>
            </form>
        </div>
    </div>
</div>
<div class="part-img">
    {% load static %}
    <img src="{% static 'assets/img/bg.png' %}" alt="">
```

```
        </div>
</div>
<script>
$(document).ready(function(){
    $('#id_new_password2').change(function () {
        $('#id_new_password1').val($('#id_new_password2').val());
    });
});
</script>
{% endblock %}
```

"修改成功.html"模板比较简单，只需要显示一句密码修改成功的提示，完整代码如下。

```
{% extends '基本.html' %}
{% block 标题 %}密码修改成功{% endblock %}
{% block 页面内容 %}
<div class="page-area">
    <div class="container">
        <div class="row justify-content-center">
            <div class="col-xl-6 col-lg-6">
                <div class="part-text">
                    <p>您的登录密码已成功变更！<a href="{% url '首页' %}">进入首页 &gt;
&gt;&gt;</a></p>
                </div>
            </div>
        </div>
    </div>
    <div class="part-img">
        {% load static %}
        <img src="{% static 'assets/img/bg.png' %}" alt="">
    </div>
</div>
{% endblock %}
```

最后，我们在 Web 应用的 "urls.py" 文件中引入反向解析函数。

```
from django.urls import reverse_lazy        # 引入反向解析函数
```

并且，重新设置"修改密码"和"修改成功"的访问规则。

```
path(
    '修改密码/',
```

```
PasswordChangeView.as_view(
    template_name='修改密码/修改密码.html',        # 使用自定义模板
    success_url=reverse_lazy('改密成功'),        # 修改成功时的反向解析 URL
),
name='改密'
),
path('修改成功/', TemplateView.as_view(template_name='修改密码/修改成功.html'), name
='改密成功'),
```

现在，用户进行密码修改操作时，就会呈现自定义的页面了。

11.4　实现重置密码功能——PasswordResetView

重置密码则是在用户忘记密码时，能够通过邮件验证对密码进行重新设定。重置密码功能涉及的页面会多一些。包括输入安全邮箱的页面，验证邮件发送成功提示的页面，输入新密码的页面，以及密码修改成功提示的页面。

11.4.1　添加模板文件

为了便于模板管理，先在"templates"文件夹中添加一个名为"密码重置"的文件夹，再添加名为"重置请求.html""重置提示.html""设置密码.html"和"重置成功.html"的模板文件。

如图 11-13 所示，"重置请求.html"模板中带有找回密码邮箱的输入框。

图 11-13　网站重置密码页面

速学 Django：Web 开发从入门到进阶

完整代码如下。

```
{% extends '基本.html' %}
{% block 标题 %}重置密码申请{% endblock %}
{% block 页面内容 %}
<div class="page-area">
    <div class="container">
        <div class="row justify-content-center">
            <div class="col-xl-6 col-lg-6">
                <div class="signin-form">
                    <form method="post">
                        {% csrf_token %}
                        <div class="form-group">
                            <label for="id_email">邮箱</label>
                            <input type="email" class="form-control" id="id_email"
                                name="email" placeholder="请输入注册邮箱地址"
                                value="{% if form.email.value %}{{ form.email.value }}
{% endif %}">
                            {{ form.email.errors }}
                        </div>
                        <button type="submit" class="btn btn-primary">确 认</button>
                    </form>
                </div>
            </div>
        </div>
        <div class="part-img">
            {% load static %}
            <img src="{% static 'assets/img/bg.png' %}" alt="">
        </div>
</div>
{% endblock %}
```

如果用户输入了有效的邮箱地址并单击"确认"按钮，将会向用户输入的邮箱地址发送重置密码的验证邮件，并跳转到邮件发送成功的提示页面，如图 11-14 所示。

"重置提示.html"模板完整代码如下。

```
{% extends '基本.html' %}
{% block 标题 %}重置密码邮件发送{% endblock %}
{% block 页面内容 %}
```

208

```
<div class="page-area">
    <div class="container">
        <div class="row justify-content-center">
            <div class="col-xl-6 col-lg-6">
                <div class="part-text">
                    <p>已向您的注册邮箱<span>{{ request.session.邮箱地址 }}</span>
                        发送了一封重置密码的邮件，请登录邮箱后点击重置链接完成密码重置。
                        <a href="//{{ request.session.邮箱站点 }}">进入邮箱 &gt;&gt;
&gt;</a></p>
                </div>
            </div>
        </div>
    </div>
    <div class="part-img">
        {% load static %}
        <img src="{% static 'assets/img/bg.png' %}" alt="">
    </div>
</div>
{% endblock %}
```

图 11-14　重置密码邮件发送提示页面

当用户打开邮箱中收到的验证链接，即可进入设置新密码的页面，如图 11-15 所示。

图 11-15　设置新密码的页面

"设置密码.html"模板全部代码如下。

```
{% extends '基本.html' %}
{% block 标题 %}设置密码{% endblock %}
{% block 页面内容 %}
<div class="page-area">
    <div class="container">
        <div class="row justify-content-center">
            <div class="col-xl-6 col-lg-6">
                {% if validlink %}
                <div class="signin-form">
                    <form method="post">
                        {% csrf_token %}
                        <div class="form-group d-none">
                            <label for="id_new_password1">新的密码</label>
                            <input type="password" class="form-control" id="id_new_
password1"
                                    name="new_password1" placeholder="请输入新的登录密码"
                                    value="{% if form.new_password1.value %}{{ form.
new_password1.value }}{% endif %}">
```

```html
                {{ form.new_password1.errors }}
            </div>
            <div class="form-group">
                <label for="id_new_password2">新的密码</label>
                <input type="password" class="form-control" id="id_new_password2"
                    name="new_password2" placeholder="请输入新的登录密码"
                    value="{% if form.new_password2.value %}{{ form.new_password2.value }}{% endif %}">
                {{ form.new_password2.errors }}
            </div>
            <button type="submit" class="btn btn-primary">提 交</button>
        </form>
        <script>
        $(document).ready(function(){
            $('#id_new_password2').change(function () {
                $('#id_new_password1').val($('#id_new_password2').val());
            });
        });
        </script>
    </div>
    {% else %}
    <div class="part-text text-center">
        <h4>重置密码链接已失效，请重新申请！</h4>
    </div>
    {% endif %}
        </div>
    </div>
    </div>
    <div class="part-img">
        {% load static %}
        <img src="{% static 'assets/img/bg.png' %}" alt="">
    </div>
</div>
{% endblock %}
```

使用 Django 的 "PasswordResetConfirmView" 视图能够对重置密码的验证链接进行有效验证，并将验证结果通过变量 "validlink" 传递到模板。在模板代码中，对视图传来的变量 "validlink" 进行判断，如果变量值为真值 "True"，此时显示设置密码的表单。否则，需要显示验证

链接无效的提示。当用户成功设置了新的密码，则需要显示成功设置密码的页面，如图 11-16
所示。

图 11-16　重置密码成功页面

"重置成功.html"模板的完整代码如下。

```
{% extends '基本.html' %}
{% block 标题 %}重置密码成功{% endblock %}
{% block 页面内容 %}
<div class="page-area">
    <div class="container">
        <div class="row justify-content-center">
            <div class="col-xl-6 col-lg-6">
                <div class="part-text text-center">
                    <h4>您已完成密码重置。</h4>
                </div>
            </div>
        </div>
    </div>
    <div class="part-img">
        {% load static %}
        <img src="{% static 'assets/img/bg.png' %}" alt="">
    </div>
```

```
</div>
{% endblock %}
```

除了以上四个模板文件，还需要创建两个关于验证邮件的标题文件"邮件标题.txt"和内容文件"邮件内容.html"。"邮件标题.txt"的内容可以自定义，例如"安全资讯 - 重置密码"。"邮件内容.html"的内容需要插入一些变量，包括站点名称（Site Name）、协议（Protocol）、域（Domain）、用户主键（UID）以及令牌（Token），以便生成不同的验证链接，完整代码如下。

```
您正在申请重置网站 [{{ site_name }}] 账户的登录密码. 点击下方链接进行重置:
{{ protocol }}://{{ domain }}{% url '重置验证' uidb64=uid token=token % }
```

示例代码为纯文本类型的邮件内容，如果有需要也可以编写 HTML 代码。

另外，还需要修改"登录.html"模板中的"忘记密码"链接。

```
<a href="{% url '重置密码' %}">忘记密码？ </a>
```

11.4.2　编写视图代码

"重置密码"视图类继承"PasswordResetView"类，负责为用户呈现输入邮箱地址的页面，验证用户输入的邮箱地址并发送验证邮件，以及发送邮件后呈现提示页面的全部代码如下。

```
from django.contrib.auth.views import PasswordResetView
from django.urls import reverse_lazy

class 重置密码(PasswordResetView):
    template_name = '密码重置/重置请求.html'                    # 输入邮箱地址的页面
    email_template_name = '密码重置/邮件内容.html'              # 邮件内容
    subject_template_name = '密码重置/邮件标题.txt'             # 邮件标题
    success_url = reverse_lazy('重置提示')                      # 处理完成后跳转到的地址

    def post(self, request, *args, **kwargs):
        表单 = self.get_form()                                  # 获取表单对象
        邮箱地址 = self.request.POST['email']                    # 获取找回密码的邮箱地址
        try:
            用户.objects.get(email=邮箱地址)                      # 通过邮箱地址获取用户对象
            self.request.session['邮箱地址'] = 邮箱地址            # 保存邮箱地址到会话
            self.request.session['邮箱站点'] = f'mail.{邮箱地址.split("@")[1]}'
# 保存邮箱站点到会话
```

```
        except:                                             # 用户不存在
            表单.errors['email'] = 表单.error_class(['此邮箱尚未注册'])   # 添加错误信
息到表单
        if 表单.is_valid():                                 # 验证表单有效性
            return self.form_valid(表单)                    # 返回表单有效时的响应数据
        else:
            return self.form_invalid(表单)                  # 返回表单无效时的响应数据
```

　　"PasswordResetView"视图能够发送验证邮件到用户的邮箱，但必须符合两个条件。一个条件是用户已被激活（数据库中"is_active"字段值为"True"），另一个条件是用户有可用的密码。不符合任何一个条件，都不会进行邮件的发送，但也不会给出任何错误，都会跳转到指定的地址（success_url）。

　　如果用户输入一个未注册的邮箱时，给出相应的提示更符合我们的需求。所以，在示例代码中重写了"post"方法。当用户输入邮箱单击"确定"按钮向服务器发起请求后，当前视图会执行"post"方法，在"post"方法中，通过"get_form"方法能够获取用户提交的表单数据，也能够从"POST"数据字典中获取"email"的值，也就是邮箱地址。通过邮箱地址查询用户对象时，如果邮箱地址尚未注册，会导致查询出现异常，此时可以向表单中添加错误信息。如果正常查询到用户对象，则会将邮箱地址以及邮箱站点信息存入会话中，以便在提示页面中读取使用。

　　最后，对表单有效性进行验证，并分别调用相应的方法进行处理。我们在 Web 应用的"urls.py"文件中添加"重置申请"和"重置提示"的访问规则。

```
path('重置申请/', views.重置密码.as_view(), name='重置密码'),
path('重置提示/', TemplateView.as_view(template_name='密码重置/重置提示.html'), name
='重置提示'),
```

　　至此，用户在登录页面中单击"忘记密码"按钮后，就能够打开输入邮箱的页面，并在提交邮箱地址后得到相应的反馈（发送邮件或错误提示）。

　　接下来，编写"重置验证"视图的代码。"重置验证"视图类继承"PasswordResetConfirmView"类，负责验证重置密码的链接。验证成功时，为用户呈现设置新密码的页面；验证失败时，呈现错误提示。完成新密码设置时呈现重置密码成功的提示。

```
from django.contrib.auth.views import PasswordResetConfirmView

class 重置验证(PasswordResetConfirmView):
    template_name = '密码重置/设置密码.html'              # 设置新密码的页面
    post_reset_login = True                               # 改密后自动登录
    reset_url_token = '设置密码'                          # 默认为"password-set"
    success_url = reverse_lazy('重置成功')               # 设置新密码成功后跳转到的地址
```

　　在 Web 应用的"urls.py"文件中添加"重置验证"和"重置成功"的访问规则。

```
path('重置验证/<uidb64>/<token>', views.重置验证.as_view(), name='重置验证'),
path('重置成功/', TemplateView.as_view(template_name='密码重置/重置成功.html'), name
='重置成功'),
```

　　在示例代码中，"重置验证"访问规则中的参数名称不可自定义，否则无法通过"Passwor-
dResetConfirmView"视图进行处理。

　　至此，找回密码的功能代码就全部完成了。

　　当用户单击邮箱中收到的重置密码验证链接时，就会启动验证程序。验证成功时，为用户呈
现设置新密码的页面，正确提交新密码后，呈现重置密码成功的提示页面；验证失败时，会为用
户呈现验证链接无效的提示页面。

第 12 章
Django 项目实战：
实现文章列表页面

列表页面是各类包含文章列表的页面。

在编写代码之前，我们需要用随书资源中的数据库文件替换项目中的数据库文件。并将媒体文件夹（media）添加到项目文件夹中。如图 12-1 所示。

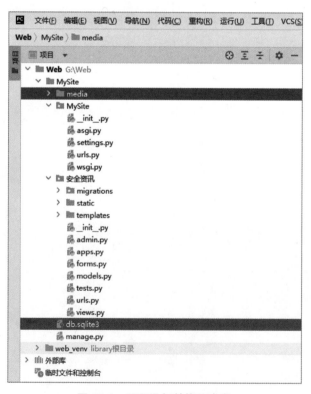

图 12-1　需要添加替换的内容

> **提示**
>
> 因图片文件占用存储空间较多，传输较为不便，媒体文件夹中只包含了发布日期最近的部分文章图片（最近 70 余篇文章所包含的将近 500 张图片）。

媒体文件夹中包含了封面图片和文章图片，这些图片需要在开发环境下能够读取并显示到页面，所以，在项目配置文件 "settings.py" 中添加媒体文件的路径设置。

```
MEDIA_URL = 'media/'
MEDIA_ROOT = BASE_DIR / 'media'
```

还要在 Web 应用的 "urls.py" 文件中添加媒体文件的访问规则。

```
from django.conf import settings
from django.conf.urls.static import static

if settings.DEBUG:   # 如果是调试模式
    urlpatterns += static(settings.MEDIA_URL, document_root = settings.MEDIA_
ROOT)   # 添加媒体文件访问规则
```

12.1　实现网站首页

网站首页的主要内容是根据发布时间倒序排列的文章列表，列表的每一项包括文章封面、标题、摘要、作者、标签、阅读数量与点赞数量。如图 12-2 所示。

> **提示**
>
> 为避免图片过长，图 12-2 中的文章列表只包含 6 项内容。

12.1.1　编写列表视图

接下来，我们先编写视图类。因为首页和分类页面的主要内容都是文章列表，除了从数据库中查询数据的结果不同，其他基本一致。所以，我们可以编写一个 "文章列表" 类，作为首页和分类页面视图类的父类。

```
from django.views.generic import ListView

class 文章列表(ListView):
    model = 文章
    template_name = '文章列表.html'
    context_object_name = '数据列表'          # 模板中数据对象的名称
    paginate_by = 10                         # 每页数量
```

图 12-2　网站首页

12.1.2　编写首页视图

"首页"视图类继承"文章列表"类。但因为"ListView"会查询到全部的文章数据，其中会包含尚未发布（发布时间超过当前时间）的文章数据，不符合我们的需求。所以，需要重写获取结果集的方法"get_queryset"。

```
class 首页(文章列表):
    extra_context = {'页面名称':'首页'}              # 添加页面名称到上下文数据

    def get_queryset(self):                          # 重写获取结果集的方法
        查询结果 = 文章.objects.filter(发布时间__lte=timezone.now())  # 查询发布时间不
超过当前时间的文章
        return 查询结果
```

> **提示**
>
> 因为在模型中已经设置按文章发布时间倒序排序，视图代码中无须再使用"order_by ('-发布时间')"对查询结果进行排序。

12.1.3　自定义模板标签

在"文章列表"类中，页面模板名称为 "文章列表.html"，数据对象的名称为"数据列表"。所以，在"文章列表.html"文件中，需要对"数据列表"进行遍历，将列表中的数据读取出来写入列表的每一项中。

但是，现在面临一个问题。并不是所有的文章都带有封面图片。为了保持页面的整齐划一，没有封面图片的文章在列表中加载时，封面图片使用一张随机图片代替。随机图片是 "media/封面图片/随机图片" 文件夹中 30 张图片之一，如图 12-3 所示。

图 12-3　随机封面图片

219

这样就需要在模板文件中生成一个 1~30 的随机数，用来组织随机封面图片的读取路径。Django 没有提供能够生成随机数的标签。所以，需要自定义一个"随机数"标签来实现这样的功能。

在 Web 应用中创建一个名为"templatetags"的 Python 包，这个名称不可以自定义。然后，在"templatetags"文件夹中添加一个标签库文件（Python 文件），例如"我的标签.py"，如图 12-4 所示。

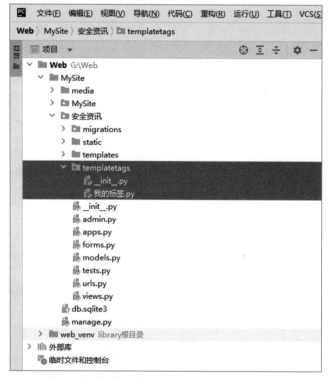

图 12-4　自定义模板标签库

> **提示**
>
> 　　Python 包是包含"__init__.py"文件的文件夹，"__init__.py"可以是空白文件。其实"templatetags"也可以是普通的文件夹，但在某些环境下可能会出现异常，所以，保险起见，可以为"templatetags"文件夹添加"__init__.py"文件，让文件夹被识别为 Python 包。

在"我的标签.py"文件中写入以下代码。

```
from django import template          # 引入模板模块
from random import randint           # 引入随机整数
```

```
register = template.Library()                    # 实例化模板库

@register.simple_tag(name='随机数')              # 注册标签
def 获取随机数(开始, 结束):
    return randint(开始, 结束)
```

在示例代码中，需要先创建模板库对象"register"（名称不可自定义）。然后，通过"register"的装饰器方法"simple_tag"将自定义函数"获取随机数"装饰为模板标签，参数"name"的值是自定义标签的注册名称，若不提供此参数，则会使用函数名称作为标签名称。然后，还需要在"settings.py"文件中装载自定义标签才能够正常使用。

```
INSTALLED_APPS = [
    '安全资讯',
    'taggit',
    '安全资讯.templatetags',    # 装载自定义标签
    ...省略其他代码...
]
```

12.1.4　编写文章列表模板

编写了自定义标签库之后，可以通过"{% load 标签库名称 %}"在模板中进行加载。另外，图片文件的路径可以使用"settings.py"文件中定义的"MEDIA_URL"。只需要在"settings.py"添加一项设置即可。

```
TEMPLATES = [
    {
        ...省略其他代码...
        'OPTIONS': {
            'context_processors': [
                ...省略其他代码...
                'django.template.context_processors.media',    # 处理媒体文件
            ],
        },
    },
]
```

"文章列表.html"模板文件全部代码如下。

```
{% extends '基本.html' %}
{% block 标题 %}首页{% endblock %}
```

```
{% block 页面内容 %}
<div class="blog-area">
    <div class="container">
        <div class="row">
            <div class="col-xl-8 col-lg-8">
                <div class="row">
                    {% for 文章 in 数据列表 %}
                    <div class="col-xl-6 col-lg-6 col-md-6">
                        <div class="single-blog">
                            <div class="part-img">
                                {% if 文章.封面图片 %}
                                <img src="{{ MEDIA_URL }}{{ 文章.封面图片 }}" alt="">
                                {% else %}
                                {% load 我的标签 %}
                                 <img src="{{ MEDIA_URL }}封面图片/随机图片/{% 随机数
1 30 %}.png" alt="">
                                {% endif %}
                                <div class="content-on-img">
                                    <a href="{% url '标签' 文章.标签.first.id %}">{{ 文
章.标签.first.name }}</a>
                                </div>
                            </div>
                            <div class="part-text">
                                <span>{{ 文章.发布时间 |date:'Y 年 m 月 d 日' }}</span>
                                <h3>
                                 <a href="{% url '文章详情' 文章.id %}">{% if 文章.标题
|length > 34 %}
                                    {{ 文章.标题 |truncatechars:33 }}...{% else %}{{ 文
章.标题 }}{% endif %}</a>
                                </h3>
                                <p>{{ 文章.正文 |striptags |truncatechars_html:75 }}...</p>
                            </div>
                            <div class="part-admin">
                                <ul>
                                    <li>
                                        <h4>
                                            <span><i class="fas fa-user"></i></span>
                                            <a href="{% url '作者' 文章.作者.id %}">{{ 文
章.作者.姓名 }}</a>
```

```
                                </h4>
                            </li>
                            <li>
                                <h4><span><i class="far fa-eye"></i></span>
{{ 文章.阅读数量 }}</h4>
                            </li>
                            <li>
                                <h4><span><i class="far fa-thumbs-up"></i>
</span>{{ 文章.点赞数量 }}</h4>
                            </li>
                        </ul>
                    </div>
                </div>
            </div>
            {% endfor %}
        </div>
        {% include '分页.html' %}
    </div>
    {% include '边栏.html' %}
    </div>
    </div>
</div>
{% endblock %}
```

在示例代码中，通过 "{% load 我的标签 %}" 加载了自定义标签库。然后，通过 "{% 随机数 1 30 %}" 调用了自定义标签，并传入了 "1" 和 "30" 这两个参数。从而获取到 1~30 的随机数，与图片名称后缀组成完整的图片名称。并且，在示例代码中，还使用了一些内置的模板过滤器。

"{{ 文章.发布时间|date:'Y 年 m 月 d 日' }}" 中使用过滤器 "data" 对文章发布时间进行格式化。

"{% if 文章.标题|length > 34 %}" 中使用过滤器 "length" 获取文章标题的字符数量。

"{{ 文章.标题|truncatechars:33 }}" 中使用过滤器 "truncatechars" 截取文章标题的前 33 个字符。

"{{ 文章.正文|striptags|truncatechars:75 }}" 中使用 "striptags" 清除文章正文中的 HTML 标签。

另外，在示例代码中，包含了一些通过 "url" 标签定义的链接。这些链接的访问规则需要在 Web 应用的 "urls.py" 文件中添加，否则会导致模板加载异常。并且，"首页" 的访问规则需要替换为新的规则。

```
path(", views.首页.as_view(), name='首页'),
path('标签/<int:编号>', views.标签分类.as_view(), name='标签'),
path('作者作品/<int:编号>', views.作者作品.as_view(), name='作者'),
```

还有，模板代码中包含的"分页.html"与"边栏.html"可以先创建空白文件代替。

最后，还要根据访问规则中所调用的视图，编写暂时空白的视图类。

```
class 标签分类(文章列表):
    ...

class 作者作品(文章列表):
    ...
```

此时，运行 Web 服务器，打开网站首页，就可以看到文章列表呈现出来，如图 12-5 所示。

图 12-5　当前网站首页内容

12.1.5　编写列表分页条

每个页面的文章列表都需要带有分页条，以便用户进行文章列表的翻页操作。在之前已经创建的空白模板文件"分页.html"中添加分页代码，完整代码如下。

```
<div class="row">
    <div class="col-xl-12 col-lg-12">
        <div class="page-ination page-ination-property-sidebar">
            {% if page_obj.number > 5 %}<!--如果页码大于 5，显示首页按钮-->
                <a href="?page=1">首页</a>
                {% if page_obj.number > 9 %}<!--如果页码大于 9，显示快速向前翻页-->
                    <a href="?page={{ page_obj.number |add:'-9' }}"><i class="fa fa-angle-double-left"></i></a>
                {% else %}<!--否则，显示快速向前翻页，页码固定为 5-->
                    <a href="?page=5"><i class="fa fa-angle-double-left"></i></a>
                {% endif %}
            {% endif %}
            {% if page_obj.has_previous %}<!--如果有上一页，显示上一页按钮-->
                <a href="?page={{ page_obj.previous_page_number }}"><i class="fa fa-angle-left"></i></a>
            {% endif %}
            {% for 页码 in paginator.page_range %}<!--遍历页码范围-->
                {% if 页码 ! = page_obj.number %}<!--如果页码与当前页页码不相同-->
                    {% if page_obj.number < 5 and 页码 < 10 or 页码 |add:"9" > paginator.num_pages and page_obj.number |add:"4" > paginator.num_pages or 页码 |add:"5" > page_obj.number and 页码 |add:"-5" < page_obj.number %}
                    <!--如果当前页码小于 5 并且加载页码小于 10 或者 当前页码是最后 5 页并且加载页码是最后 10 页 或者 加载页码是当前页码的前 4 页和后 4 页之间-->
                        <a href="?page={{ 页码 }}">{{ 页码 }}</a><!--生成页码并添加链接-->
                    {% endif %}
                {% else %}<!--否则，呈现激活样式-->
                    <a class="active">{{ 页码 }}</a>
                {% endif %}
            {% endfor %}
            {% if page_obj.has_next %}<!--如果有下一页，显示下一页按钮-->
                <a href="?page={{ page_obj.next_page_number }}"><i class="fa fa-angle-right"></i></a>
            {% endif %}
```

```
        {% if page_obj.number |add:"4" < paginator.num_pages %}<!--如果剩余超过 4 页-->
        {% if page_obj.number |add:"9" < paginator.num_pages %}<!--如果剩余超过 9 页，显示快速向后翻页-->
            <a href="?page={{ page_obj.number |add:'9' }}"><i class="fa fa-angle-double-right"></i></a>
        {% else %}<!--否则，显示快速向后翻页，页码固定为倒数第 5 页-->
            <a href="?page={{ paginator.num_pages |add:'-4' }}"><i class="fa fa-angle-double-right"></i></a>
        {% endif %}
        <a href="?page={{ paginator.num_pages }}">尾页</a><!--显示尾页按钮-->
    {% endif %}
    </div>
  </div>
</div>
```

在示例代码中，主要使用页面对象"page_obj"和分页器对象"paginator"调用相关的属性，实现分页逻辑代码。并且，这里再次使用了过滤器"add"，对页码数值进行加（正数参数）减（负数参数）。

至此，文章列表下方就显示了分页条，如图 12-6 所示。

图 12-6　文章列表的分页条

12.2　实现分类页面

分类页面的入口是网站顶部的导航菜单。导航菜单中除了首页的菜单项之外，其他的菜单项都是文章分类。

12.2.1　动态加载分类菜单

在我们的项目中，导航菜单是所有视图都需要呈现的内容。而导航菜单中分类的数据需要从数据库中读取，如图 12-7 所示。

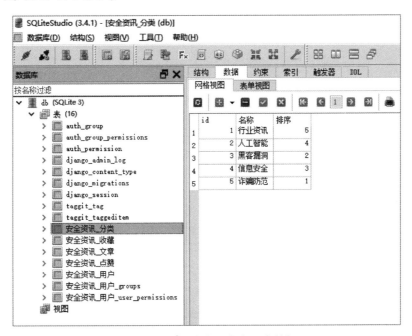

图 12-7　数据库中的文章分类数据

修改"导航.html"模板中分类菜单的代码。

原有代码如下。

```
<li class="nav-item">
    <a class="nav-link" href="/">首页</a>
</li>
<li class="nav-item">
    <a class="nav-link" href="/">分类 1</a>
```

```
</li>
<li class="nav-item">
    <a class="nav-link" href="/">分类 2</a>
</li>
<li class="nav-item">
    <a class="nav-link" href="/">分类 3</a>
</li>
<li class="nav-item">
    <a class="nav-link" href="/">分类 4</a>
</li>
```

新的代码如下。

```
<li class="nav-item">
    <a class="nav-link {% if request.path_info == '/' %}active{% endif %}" href="/">首页</a>
</li>
{% for 分类 in 文章分类 %}
<li class="nav-item">
    <a class="nav-link {% if request.path_info == '/文章分类/'|add:分类.名称 %}active{% endif %}"
        href="{% url '分类' 分类.名称 %}">{{ 分类.名称 }}</a>
</li>
{% endfor %}
```

因为单击菜单项打开相应页面后，菜单项会有被激活的样式呈现，所以在示例代码中通过"request.path_info"获取路径信息进行判断，当符合条件时为菜单项添加"active"样式类。并且，在示例代码中使用了过滤器"add"，将分类名称与路径字符串进行连接，形成完整的路径。

另外，因为示例代码中包含通过"url"标签定义的"分类"链接。这个链接的访问规则需要在 Web 应用的"urls.py"文件中添加。

```
path('文章分类/<str:名称>', views.文章分类.as_view(), name='分类'),
```

同时，添加访问规则中调用的视图类。

```
class 文章分类(文章列表):
    ...
```

12.2.2 自定义上下文处理器

"导航.html"模板中所遍历的"文章分类"是通过视图传入的上下文数据（Context）。这意味着项目的每一个视图中，都需要先从数据库中读取分类数据，再写入上下文数据中传递到模板。

在每个视图中编写相同的代码肯定不是一个好的解决办法。即便将代码编写在多个视图的父类方法中也不能一次解决问题，因为不是所有视图都继承相同的父类，何况有些视图是通过函数实现。

最好的办法是在视图处理了客户端请求之后，将数据传递到模板之前，截获这个数据，将分类数据添加进去，再继续进行传递。这就需要自定义一个上下文处理器，在上下文数据传入模板之前，对它进行处理。

首先，在 Web 应用中添加一个 Python 文件，名称可以自定义。例如 "上下文处理器.py"。全部代码如下。

```
from .models import 分类

def 分类数据(request):
    return {'文章分类': 分类.objects.order_by('排序')}   # 返回数据字典
```

然后，在 "settings.py" 添加一项相应的设置。

```
TEMPLATES = [
    {
        ...省略其他代码...
        'OPTIONS': {
            'context_processors': [
                ...省略其他代码...
                '安全资讯.上下文处理器.分类数据'   # 添加数据到上下文数据
            ],
        },
    },
]
```

现在，打开网站任何一个页面（不含后台）都能够正常显示导航菜单。

12.2.3　编写分类页面视图

之前我们添加了分类页面的访问规则。

```
path('文章分类/<str:名称>', views.文章分类.as_view(), name='分类'),
```

这个访问规则在模板中能够通过 "{% url '分类' 分类.名称 %}" 反向解析出类似 "/文章分类/诈骗防范" 的访问路径。也就是说，在名称为 "文章分类" 的视图类中，需要获取 "名称"

参数（例如"诈骗防范"），并查询出分类名称与"名称"参数相同的文章数据。

继续编写之前已经定义的空白视图类"文章分类"，全部代码如下。

```
class 文章分类(文章列表):
    def get_queryset(self):
        self.分类名称 = self.kwargs['名称']          # 从参数字典中获取分类名称
        查询结果 = 文章.objects.filter(分类__名称=self.分类名称, 发布时间__lte=time-
zone.now())
        return 查询结果

    def get_context_data(self, ** kwargs):
        context = super().get_context_data(** kwargs)
        context['页面名称'] = self.分类名称          # 将页面名称添加到上下文数据
        return context
```

12.2.4　实现标签查询页面

在文章列表中，用户单击文章图片左下角的标签链接时，能够显示该标签所有相关文章的列表页面，如图 12-8 所示。

图 12-8　某一标签相关的文章列表

因为要显示列表标题，所以需要修改"文章列表.html"模板，加上列表标题的代码。

```
{% extends '基本.html' %}
{% block 标题 %}{{ 页面名称 }}{% endblock %}
{% block 页面内容 %}
<div class="blog-area">
    <div class="container">
        <div class="row">
            <div class="col-xl-8 col-lg-8">
                {% if 列表标题 %}
                <div class="category-title">
                    <h3>{{ 列表标题 }}</h3>
                    <hr/>
                </div>
                {% endif %}
                <div class="row">
                    {% for 文章 in 数据列表 %}
                        ...省略剩余代码...
```

在示例代码中，加粗部分为新增代码。如果存在"列表标题"数据则写入相应的 HTML 代码。然后，编写"标签分类"视图类的代码。

```
from taggit.models import Tag as 标签                          # 引入标签模型类


class 标签分类(文章列表):
    def get_queryset(self):
        编号 = self.kwargs['编号']                             # 获取标签编号参数
        self.文章标签 = 标签.objects.get(id=编号)              # 获取标签对象
        查询结果 = 文章.objects.filter(标签=self.文章标签, 发布时间__lte=timezone.
now())                                                        # 查询标签相关文章
        self.文章数量 = 查询结果.count()                       # 获取文章数量
        return 查询结果


    def get_context_data(self, **kwargs):
        context = super().get_context_data(**kwargs)
        context['列表标题'] = f'[{self.文章标签.name}]相关的文章 共{self.文章数量}篇'
                                                              # 添加列表标题
        context['页面名称'] = self.文章标签.name              # 添加页面名称
        return context
```

在示例代码中，分别重写了"get_queryset"方法和"get_context_data"方法。重写"get_queryset"方法是为了根据需求查询某个标签相关文章的数据。重写"get_context_data"方法是为了在上下文数据中添加"页面名称"和"列表标题"的数据。

12.2.5 实现作者作品页面

在文章列表任意一项中单击作者姓名都能够打开该作者的全部作品页面，如图 12-9 所示。

图 12-9 作者作品列表页面

"作者作品"视图类的代码如下。

```
class 作者作品(文章列表):
    def get_queryset(self):
        编号 = self.kwargs['编号']                                    # 获取用户编号参数
        self.作者 = 用户.objects.get(id=编号)                         # 获取用户对象
        查询结果 = self.作者.相关文章.filter(发布时间__lte=timezone.now())   # 关联查询
用户已发布的相关文章
        self.文章数量 = 查询结果.count()                              # 获取文章数量
        return 查询结果


    def get_context_data(self, **kwargs):
        context = super().get_context_data(**kwargs)
        context['列表标题'] = f'[{self.作者.姓名}]发布的文章 共{self.文章数量}篇'
# 添加列表标题
        context['页面名称'] = self.作者.姓名                          # 添加页面名称
        return context
```

与"标签分类"视图不同，在"作者作品"的"get_queryset"方法中，使用了关联查询的方式获取用户已发布的相关文章数据。

12.3　实现我的收藏页面

"我的收藏"页面从导航菜单中进入，包含用户收藏的文章列表。在文章列表中，带有取消收藏的链接，单击时弹出取消收藏的确认窗口。当单击"确定"按钮后，收藏的文章将从收藏列表中删除，如图 12-10 所示。

图 12-10　我的收藏页面

12.3.1　编写我的收藏模板

在"导航.html"模板中，为"我的收藏"菜单项添加链接。

```
<a class="dropdown-item" href="{% url '收藏' %}">我的收藏</a>
```

然后，编写"我的收藏.html"模板，全部代码如下。

```
{% extends '基本.html' %}
{% block 标题 %}我的收藏{% endblock %}
{% block 页面内容 %}
<div class="privacy-and-policy-area faq-area">
    <div class="container">
        <div class="row">
            <div class="col-xl-8 col-lg-8">
                <div class="row">
                    <div class="col-xl-12 col-lg-12 col-md-12">
                        <div class="recent-property" id="favorites">
                            <h3>我的收藏</h3>
                            <hr/>
                            {% for 收藏 in 数据列表 %}
                            <div class="single-recent">
                                <div class="part-img">
                                    {% if 收藏.文章.封面图片 %}
                                    <img src="{{ MEDIA_URL }}{{ 收藏.文章.封面图片 }}"
alt="">
                                    {% else %}
                                    {% load 我的标签 %}
                                    <img src="{{ MEDIA_URL }}封面图片/随机图片/{% 随机
数 1 30 %}.png" alt="">
                                    {% endif %}
                                </div>
                                <div class="part-text">
                                    <h4><a href="{% url '文章详情' 收藏.文章.id %}">{{
收藏.文章.标题 }}</a></h4>
                                    <span class="type"><i class="fas fa-user"></i>
                                        <a href="{% url '作者' 收藏.文章.作者.id %}">{{
收藏.文章.作者.姓名 }}</a>
                                    <a data-toggle="modal" href="#mymodal"
```

```
                                onclick="value('{{ 收藏.id }}','{{ 收藏.文章.标
题 }}')">［取消收藏］</a>
                                    </span>
                                    <span class=" rate">{{ 收藏.文章.正文 |striptags |
truncatechars_html:75 }}...</span>
                                </div>
                            </div>
                        {% endfor %}
                    </div>
                </div>
            </div>
            {% if 数据列表 %}
            {% include '分页.html' %}
            {% else %}
            <p>暂无收藏文章！</p>
            {% endif %}
        </div>
        {% include '边栏.html' %}
    </div>
</div>
</div>
<!-- 确认弹窗 -->
<div class="modal fade" id="mymodal">
    <div class="modal-dialog">
        <div class="modal-content">
            <div class="modal-header">
                <h4 class="modal-title">取消收藏</h4>
                <button type="button" class="close" data-dismiss="modal"><span
aria-hidden="true">×</span><span
                    class="sr-only">Close</span></button>
            </div>
            <div class="modal-body">
                <p>确定要取消收藏？ </p>
                <p id="article-title" class="text-danger"></p>
            </div>
            <div class="modal-footer">
                <button type="button" class="btn btn-default" data-dismiss="modal"
>关闭</button>
                <button type="button" class="btn btn-danger" onclick="submit()">
确定</button>
```

```
                </div>
            </div>
        </div>
    </div>
    <script>
            var id = None;
            function value(aid,title){
                    $('#article-title').html("-- "+title);
                    id = aid;

            };
            function submit(){
                $.ajaxSetup({
                    data:{csrfmiddlewaretoken:'{{ csrf_token }}'},
                    async:false
                });
                $.get("/取消收藏/" + id, function (result) {
                    if (result == '成功') {
                        location.reload();
                    }else{
                        alert(result);
                    };
                    $('#mymodal').modal('hide');
                });
            };
    </script>
{% endblock %}
```

示例代码主要分为三个部分。

第一部分是收藏文章列表。收藏列表的每一项都带有"取消收藏"的链接，单击链接时会弹出"id"值为"mymodal"的确认窗口（模态框），并且会通过"onclick"调用名为"value"的自定义 JS 函数，将收藏的编号和收藏的文章标题传入。

第二部分是确认取消收藏的窗口。确认窗口通过模态框组件实现，单击确认窗口中的"确认"按钮时，会通过"onclick"调用名为"submit"的自定义 JS 函数。

第三部分是自定义 JS 函数。在"value"函数中，创建变量"id"保存传入的收藏编号，同时将传入文章标题填充到"id"值为"article-title"的控件中。在"submit"函数中，将"id"值作为"pk"参数值，通过"post"方法向服务器提交，并根据返回结果刷新页面或显示提示。

12.3.2　编写我的收藏视图

首先，把"我的收藏"的访问规则添加到 Web 应用的"urls.py"文件中。

```
path('我的收藏/', views.收藏列表.as_view(), name='收藏'),
```

然后，编写"我的收藏"视图类的代码。

```
class 收藏列表(文章列表):                                          # 第 1 种方式
    template_name = '我的收藏.html'                                # 指定模板文件

    def get(self, request, *args, **kwargs):
        if self.request.user.is_authenticated:                  # 如果用户已登录
            return super().get(self, request, *args, **kwargs)  # 返回响应数据
        return redirect(settings.LOGIN_URL)                     # 重定向到登录页

    def get_queryset(self):
        当前用户 = self.request.user
        查询结果 = 当前用户.相关收藏.order_by('-收藏时间')   # 获取当前用户收藏的全部文章数据
        return 查询结果
```

在示例代码中，重写了"get"方法和"get_queryset"方法。重写"get"方法是因为当前用户必须已登录才能够访问"我的收藏"页面。所以，在方法中判断"request.user.is_authenticated"是否为真值。只有为真值，即用户已登录，才会返回响应数据。否则，将重定向登录页面"LOGIN_URL"。"LOGIN_URL"的路径需要在配置文件"settings.py"中设置。

```
LOGIN_URL = reverse_lazy('登录')        # 反向解析登录页面地址
```

"get_queryset"方法中，先取得当前请求的用户对象，然后，通过关联查询取得当前用户相关收藏的文章数据，并按收藏时间倒序排序后返回。当一个页面或功能只允许登录用户进行访问或使用，还有其他方式也能够实现这种访问限制。

第 2 种方式，使用装饰器"login_required"。如果是视图函数，可以直接使用装饰器"login_required"进行装饰，即可实现对未登录用户的限制。不过，因为我们编写的是视图类，不能直接使用这个装饰器装饰"get"方法。因为类中的方法带有一个默认的"self"参数，会导致装饰器参数错误。

解决这个问题需要额外使用方法装饰器"method_decorator"，完整代码如下。

```
from django.contrib.auth.decorators import login_required      # 引入登录装饰器
from django.utils.decorators import method_decorator           # 引入方法装饰器
```

```
class 收藏列表(文章列表):                              # 第 2 种方式
    template_name = '我的收藏.html'

    def get_queryset(self):
        当前用户 = self.request.user
        查询结果 = 当前用户.相关收藏.order_by('-收藏时间')
        return 查询结果

    @method_decorator(
        login_required(redirect_field_name='next')    # 将登录装饰器作为方法装饰器参数传入
    )
    def get(self, request, *args, **kwargs):
        return super().get(self, request, *args, **kwargs)
```

在示例代码中，将登录装饰器 "login_required" 返回的函数对象作为方法装饰器的参数传入，从而实现对 "get" 方法的装饰。装饰器 "login_required" 的 "redirect_field_name" 参数是重定向地址的参数名称，默认使用 "next"，如果自定义此名称，需要同时重写 "登录" 视图类的 "redirect_field_name" 字段为自定义名称。这个参数的作用是记录来路页面，例如 "http://127.0.0.1/登录/?next=/我的收藏/"，以便登录之后跳转回登录之前访问的页面。

第 3 种方式，仍然是使用装饰器 "login_required"，但更为简洁。

```
@method_decorator(
    decorator=login_required(redirect_field_name='next'),    # 使用的装饰器
    name='get'                                               # 被装饰的方法名称
)
class 收藏列表(文章列表):                              # 第 3 种方式
    template_name = '我的收藏.html'

    def get_queryset(self):
        当前用户 = self.request.user
        查询结果 = 当前用户.相关收藏.order_by('-收藏时间')
        return 查询结果
```

这种方式没有重写 "get" 方法，而是直接在方法装饰器 "method_decorator" 的 "name" 参数中指定了被装饰的方法。

第 4 种方式，使用 "LoginRequiredMixin" 类。继承 "LoginRequiredMixin" 类，能够让视图类只在用户已登录时返回正常的响应数据。

```
from django.contrib.auth.mixins import LoginRequiredMixin

class 收藏列表(LoginRequiredMixin, 文章列表):                    # 第 4 种方式
```

```
template_name = '我的收藏.html'
# redirect_field_name = '来路页面'                    # 如重写此项，登录视图也需要重写

def get_queryset(self):
    当前用户 = self.request.user
    查询结果 = 当前用户.相关收藏.order_by('-收藏时间')
    return 查询结果
```

这是最为简便的一种方式，"LoginRequiredMixin"类能够自动在用户未登录时跳转到登录页面，并带有"next"参数。当用户登录之后，自动重定向到"next"参数的地址。如果不想重定向地址的参数名称为"next"，可以重写当前视图类和"登录"视图类的"redirect_field_name"字段为自定义名称。

至此，"我的收藏"页面就可以进行访问了。

12.3.3　实现取消收藏功能

"我的收藏"页面虽然能够打开，但页面中的取消收藏功能还不能使用，需要继续编写代码来实现。

首先，在 Web 应用的"urls.py"文件中添加访问规则。

```
path('取消收藏/<int:编号>', views.取消收藏),
```

然后，编写"取消收藏"视图函数。全部代码如下。

```
from django.shortcuts import import HttpResponse          # 引入 Http 响应类

@login_required                                           # 用户必须登录
def 取消收藏(request, 编号):
    try:
        收藏记录 = 收藏.objects.get(id=编号)                # 获取收藏项目
        if request.user == 收藏记录.用户:                  # 如果当前用户是收藏记录的创建用户
            收藏记录.delete()                               # 删除数据库条目
            return HttpResponse('成功')                    # 返回响应内容
        else:                                             # 否则
            return HttpResponse('非法操作！')               # 返回响应内容
    except:                                               # 捕获到异常
        return HttpResponse('取消收藏发生异常！')            # 返回响应内容
```

"取消收藏"的视图函数不仅仅需要用户为登录状态，还需要当前用户与收藏记录的创建用户为同一用户。如果符合上述要求，则删除收藏记录，否则，返回"非法操作！"的提示内容。

至此，取消收藏的功能就能够正常使用了。

第 13 章
Django 项目实战：
实现页面边栏模块

除了登录注册相关页面，网站的页面都带右侧边栏。右侧边栏由多个模块组成，为了便于管理，在"templates"文件夹中新建"模块"文件夹，里面存放各个模块的模板文件（暂时为空白文件），如图 13-1 所示。

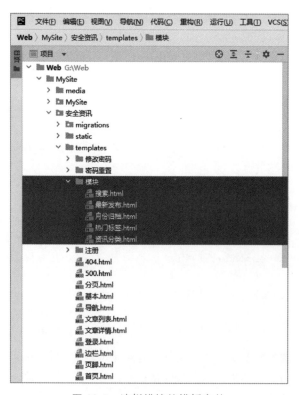

图 13-1　边栏模块的模板文件

然后，为每个模块单独编写模板文件，包含在"边栏.html"模板中。"边栏.html"模板文件全部代码如下。

```
<div class="col-xl-4 col-lg-4">
    <div class="row">
        <div class="col-xl-12 col-lg-12 col-md-6">
            {% include '模块/资讯分类.html' %}
            {% include '模块/搜索.html' %}
            {% include '模块/最新发布.html' %}
            {% include '模块/月份归档.html' %}
            {% include '模块/热门标签.html' %}
        </div>
    </div>
</div>
```

13.1　编写资讯分类模块

资讯分类模块和导航菜单的分类数据是一样的，这个模块只是为了呈现数据的另一种表现形式，如图 13-2 所示。

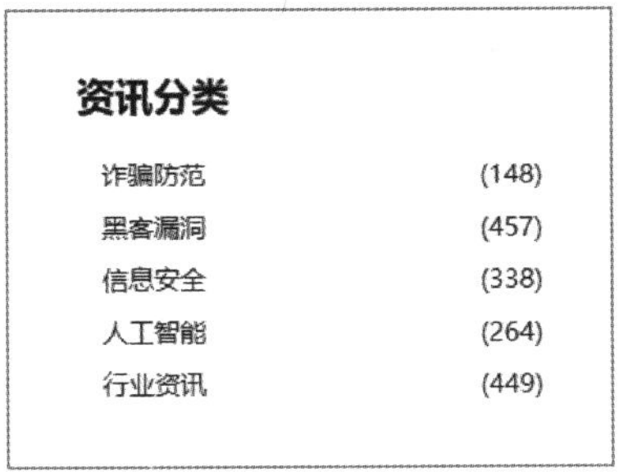

资讯分类	
诈骗防范	(148)
黑客漏洞	(457)
信息安全	(338)
人工智能	(264)
行业资讯	(449)

图 13-2　资讯分类模块

"资讯分类.html"模板全部代码如下。

```
<div class="single-widget">
    <h3>资讯分类</h3>
    <ul>
        {% for 分类 in 文章分类 %}
        <li>
            <a href="{% url '分类' 分类.名称 %}">{{ 分类.名称 }}<span> ({{ 分类.相关文章.count }})</span></a>
```

```
        </li>
      {% endfor %}
    </ul>
</div>
```

在示例代码中，通过"分类"对象对关联数据"相关文章"的数量属性"count"进行读取，呈现出某一分类的文章数量。

13.2　编写最近发布模块

最近发布模块的数据是最近一周发布的最近 5 篇文章，如图 13-3 所示。

图 13-3　最新发布模块

13.2.1　编写边栏数据函数

在带有侧边栏的页面中，都需要加入这个数据，所以在"文章列表"类之前，先编写一个"整合边栏数据"的函数。

```
from datetime import timedelta            # 引入时间差类

def 整合边栏数据(上下文数据):
```

```
时间节点 = timezone.now() - timedelta(days=7)
上下文数据['最新发布'] = 文章.objects.filter(发布时间__gte=时间节点, 发布时间__
lte=timezone.now())[:5]
return 上下文数据
```

在示例代码中，函数的参数接收"上下文数据"字典，将边栏模块的数据添加到上下文数据字典后返回。

在"文章列表"类中，重写"get_context_data"方法。

```
class 文章列表(ListView):
    model = 文章
    template_name = '文章列表.html'
    context_object_name = '数据列表'            # 模板中数据对象的名称
    paginate_by = 10                            # 每页数量

    def get_context_data(self, **kwargs):
        上下文数据 = super().get_context_data(**kwargs)
        return 整合边栏数据(上下文数据)          # 将边栏数据添加到上下文数据后返回
```

现在，所有继承"文章列表"类的视图类都会将边栏数据一起传入模板进行渲染。

13.2.2　编写最新发布模板

因为最新发布的内容和首页文章列表的前五条内容相同，所以在首页不需要加载这个模块。并且，当没有最新发布的文章时，也不需要加载。"最新发布.html"模板的完整代码如下。

```
{% if request.path_info != '/' and 最新发布%} <!-- 如果不是首页并且有最新发布的文章数据 -->
<div class="single-widget">
    <h3>最新发布</h3>
    {% for 文章 in 最新发布 %}
    <div class="single-recent">
        <div class="part-img">
            {% if 文章.封面图片 %}
            <img src="{{ MEDIA_URL }}{{ 文章.封面图片 }}" alt="">
            {% else %}
            {% load 我的标签 %}
            <img src="{{ MEDIA_URL }}封面图片/随机图片/{% 随机数 1 30 %}.png" alt="">
            {% endif %}
        </div>
        <div class="part-text">
```

```
            <h4><a href="{% url '文章详情' 文章.id %}">{% if 文章.标题 |length > 20 %}
{{ 文章.标题 |truncatechars:19 }}...
                {% else %}{{ 文章.标题 }}{% endif %}</a></h4>
            <span>{{ 文章.发布时间 |date:'Y-m-d' }}</span>
        </div>
    </div>
    {% endfor %}
</div>
{% endif %}
```

现在，用户打开网站的分类页面即可看到最新发布模块的内容。

13.3　编写月份归档模块

月份归档模块需要显示最近 24 个发布了文章的月份，如图 13-4 所示。

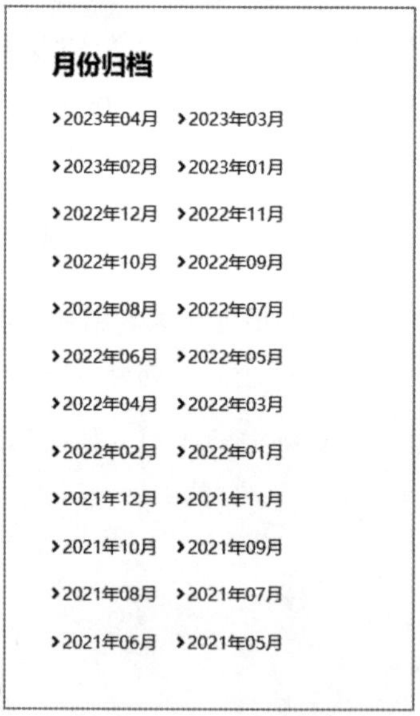

月份归档

❯2023年04月　❯2023年03月
❯2023年02月　❯2023年01月
❯2022年12月　❯2022年11月
❯2022年10月　❯2022年09月
❯2022年08月　❯2022年07月
❯2022年06月　❯2022年05月
❯2022年04月　❯2022年03月
❯2022年02月　❯2022年01月
❯2021年12月　❯2021年11月
❯2021年10月　❯2021年09月
❯2021年08月　❯2021年07月
❯2021年06月　❯2021年05月

图 13-4　月份归档模块

13.3.1　编写获取模块数据的代码

模块的数据需要通过"整合边栏数据"函数添加到上下文数据中。新的"整合边栏数据"函数代码如下。

```
from django.db.models.functions import TruncMonth        # 引入截取月份的类
from django.db.models import DateTimeField, Count         # 引入日期时间字段类与计数类


def 整合边栏数据(上下文数据):
    时间节点 = timezone.now() - timedelta(days=30)
    上下文数据['最新发布'] = 文章.objects.filter(发布时间__gte=时间节点, 发布时间__
lte=timezone.now()) [:5]
    上下文数据['月份归档'] = 文章.objects.annotate(        # 为每个数据对象增加注解字段
"归档月份"
        归档月份=TruncMonth('发布时间', output_field=DateTimeField())   # 注解字段"归档
月份"是从"发布时间"中截取的月份
    ).values(                                     # 获取每个数据对象的注解字段
        '归档月份'
    # ).distinct(                                  # 去除重复的归档月份
    ).annotate(                                    # 继续增加注解字段"数量"
        数量=Count('id')                          # 统计同一归档月份的文章数量
    ).order_by('-归档月份') [:24]                 # 按归档月份降序排序并截取前 24 个值
    return 上下文数据
```

提示

> 因为语句较长，并添加了相应的注释，部分示例代码做了换行处理。

在示例代码中，加粗部分是新增的代码。

首先，从 Django 数据库函数模块中引入了截取月份的类"TruncMonth"，以及数据模型中的日期时间字段类"DateTimeField"和计数类"Count"。

然后，在"整合边栏数据"函数中，通过模型管理器的注解方法"annotate"对所有文章数据对象附加注解字段"归档月份"，字段的值是通过"TruncMonth"类对"发布时间"截取至月份后输出的"DateTimeField"字段。也就是说，到这里，每个文章数据对象都包含"归档月份"字段。

接下来，通过"values"方法，获取所有文章数据对象的"归档月份"字段值，再通过"distinct"进行去重处理（被注释的语句）。但是，我们需要在用户将鼠标指针停留在归档月份上时，显示归档月份的文章数量，所以，不需要使用去重语句，而是添加新的注解字段，并通过"Count"类获取同一归档月份的文章数量。

最后，经过倒序排序后截取前 24 个值，将其写入上下文数据字典中。

关于"Trunc"类以及它的子类可以通过官方文档了解更多。

文档路径：/django-docs-4.1-zh-hans/ref/models/database-functions.html。

段落标题：日期函数。

13.3.2 编写月份归档模板

归档月份数据需要呈现在"月份归档"模块中，"月份归档.html"模板全部代码如下。

```
<div class="single-widget">
    <h3>月份归档</h3>
    <ul>
        {% for 归档 in 月份归档 %}
        {% if forloop.counter0 |divisibleby:'2' %}
        <li>
            <div class="row">
                <a href="{% url '归档' 归档.归档月份 |date:'Y 年 m 月' %}" title="{{ 归档.
数量 }}篇">
                    <i class="fas fa-angle-right"></i>{{ 归档.归档月份 |date:'Y 年 m 月'
}}</a>
                {% else %}
                <a href="{% url '归档' 归档.归档月份 |date:'Y 年 m 月' %}" title="{{ 归档.
数量 }}篇">
                    <i class="fas fa-angle-right"></i>{{ 归档.归档月份 |date:'Y 年 m 月'
}}</a>
            </div>
        </li>
        {% endif %}
        {% endfor %}
    </ul>
</div>
```

因为归档月份需要两个为一行，在对数据进行循环遍历时，通过"forloop.counter0"获取了从 0 开始的循环计数，并使用过滤器"divisibleby"对循环计数进行了对"2"整除的计算。如果整除结果为"0"，写入"div"的起始标签与归档月份的链接代码，否则（整除结果为"1"）写入归档月份的链接与"div"的终止标签代码。每个月份链接都添加了"title"属性，用于用户将鼠标指针移入时显示出指定的信息，当前为某一月份发布的文章数量。

另外，因为示例代码中包含通过"url"标签定义的"归档"链接。这个链接的访问规则需要在 Web 应用的"urls.py"文件中添加。

```
path('月份归档/<str:归档月份>', views.月份归档.as_view(), name='归档'),
```

13.3.3　编写月份归档视图

在"归档"的访问规则中调用了名为"月份归档"的视图类。这个视图类负责用户单击某一个归档月份时，查询该月份的所有文章数据呈现给用户。

"月份归档"视图同样继承自"文章列表"类。"月份归档"的视图类需要为模板提供"列表标题""页面名称"以及"数据列表"等数据，全部代码如下。

```
from datetime import datetime                              # 引入日期时间处理类
from django.http import Http404                            # 引入 404 错误类


class 月份归档(文章列表):
    def get_queryset(self):
        self.归档月份 = self.kwargs.get('归档月份', None)    # 获取归档月份参数
        if self.归档月份:                                    # 如果参数存在
            起始日期 = datetime.strptime(     # 根据归档日期字符串创建起始日期对象
                f'{self.归档月份}',
                '%Y 年%m 月'
            ).replace(tzinfo=timezone.utc)                   # 转为 UTC 时区
            终止月份 = 起始日期.month % 12 + 1               # 取余数运算（0~11）结果加 1
            终止年份 = 起始日期.month // 12 + 起始日期.year  # 整除结果（0 或 1）加上年份
            终止日期 = datetime(                             # 根据年月日数值创建终止日期对象
                终止年份,
                终止月份,
                1
            ).replace(tzinfo=timezone.utc)
            查询结果 = 文章.objects.filter(    # 根据起始日期和终止日期以及当前日期查询文章数据
                发布时间__gte=起始日期,                       # 发布时间大于等于起始日期
                发布时间__lt=终止日期,                        # 发布时间小于终止日期
                发布时间__lte=timezone.now()                 # 发布时间小于当前日期
            )
            return 查询结果
        return Http404()                                     # 返回 404 页面

    def get_context_data(self, **kwargs):
        上下文数据 = super().get_context_data(**kwargs)
        上下文数据['列表标题'] = f'归档月份:{self.归档月份}' # 添加列表标题
        上下文数据['页面名称'] = self.归档月份                # 添加页面名称
        return 上下文数据
```

提示

因为语句较长，并添加了相应的注释，部分示例代码做了换行处理。

在示例代码中，分别重写了"get_context_data"方法和"get_queryset"方法。重写"get_queryset"方法是为了根据需求查询某一月份的文章数据。在"get_queryset"方法中，先对"归档月份"参数进行了获取，如果参数存在则执行子语句，否则返回"Http404"错误。

如果"归档月份"参数存在，就会通过"归档月份"字符串创建查询的起始日期。而查询的终止日期无法直接获取，因为并不是月份加 1 那么简单。例如查询起始日期为"2022 年 12 月 1日"，终止日期则是"2023 年 1 月 1 日"。年份加 1 的同时月份变为 1 月。所以，需要对起始月份数值进行对 12 取余数的运算，当起始月份数值是 1~11 时，余数仍为 1~11，而起始月份数值为 12 时，取余数运算结果为 0。任何一个起始月份数值的取余数运算结果加 1 即可得到正确的终止月份数值。

终止年份数值的计算则需要起始月份数值对 12 进行整除运算。当起始月份数值是 1~11时，整除运算结果为 0，终止年份保持不变。而起始月份数值为 12 时，整除运算结果为 1，终止年份会被加 1。计算出终止年份和终止月份的数值之后，就能通过这些数值创建终止日期对象。

当取得起始日期和终止日期后，通过模型管理器进行数据查询，查询出所有发布时间大于等于起始日期并且小于终止日期，同时小于等于当前时间的文章数据。

重写"get_context_data"方法是为了在上下文数据中添加"页面名称"和"列表标题"的数据。

至此，用户就能够在页面的侧边栏中看到月份归档模块，并且能够通过单击某个归档月份链接打开文章列表页面，如图 13-5 所示。

图 13-5　月份归档列表页面

13.4　编写热门标签模块

热门标签模块需要显示 20 个相关文章数量最多的标签，如图 13-6 所示。

图 13-6　热门标签模块

首先，在"整合边栏数据"函数中添加如下代码。

```
上下文数据['热门标签'] = 标签.objects.annotate(       # 为每个标签添加注解字段"文章数量"
    文章数量=Count('相关文章')                          # 统计相关文章数量作为字段值
).order_by('-文章数量')[:20]                            # 根据相关文章数量倒序排序并截取前 20 个值
```

提示

　　因为语句较长，并添加了相应的注释，示例代码做了换行处理。

然后，为"热门标签.html"模板添加如下代码。

```html
<div class="single-widget" id="tags">
    <h3>热门标签</h3>
    {% for 标签 in 热门标签 %}
    <a href="{% url '标签' 标签.id %}">{{ 标签.name }}({{ 标签.文章数量 }})</a>
    {% endfor %}
</div>
```

至此，网站页面的侧边栏已能够显示出热门标签模块。

第 14 章
Django 项目实战：
实现文章详情页面

在网站的文章详情页面中，除了显示文章信息，还包含点赞、收藏的功能，如图 14-1 所示。

图 14-1　文章详情页面

14.1　编写自定义过滤器

在文章详情页面中，我们需要根据发起请求的用户是否收藏了当前文章，让星形图标呈现不同的样式，并且带有不同的链接。在视图中可以完成用户是否收藏当前文章的判断，不过，这里我们采用另一种方法，自定义一个过滤器"收藏查询"返回用户是否收藏文章的结果。

过滤器代码和自定义标签可以使用同一个文件，在"templatetags"文件夹的"我的标签.py"文件中添加过滤器代码。

```
@register.filter(name='收藏查询')                    # 注册过滤器
def 收藏查询(用户, 文章编号):
    try:
        return 用户.相关收藏.filter(文章_id=文章编号)     # 从用户相关收藏中查询当前文章
    except:
        ...
```

在示例代码中，过滤器会通过用户关联查询相关收藏的文章，再从相关收藏的文章中通过"filter"方法查询当前文章，如果存在则返回包含一个数据对象的结果集，否则返回空结果集。在捕获到异常时，不做任何处理，函数返回假值。

14.2　编写文章详情模板

"文章详情.html"模板的全部代码如下。

```
{% extends '基本.html' %}
{% block 标题 %}首页{% endblock %}
{% block 页面内容 %}
<div class="blog-area">
    <div class="container">
        <div class="row">
            <div class="col-xl-8 col-lg-8">
                <div class="blog-details-area">
                    <div class="part-text">
                        <h2>{{ 文章.标题 }}</h2>
                        <div class="part-meta">
                            <ul>
                                <li>
                                    <a href="{% url '作者' 文章.作者.id %}">
                                        <i class="far fa-user"></i> {{ 文章.作者.姓名 }}</a>
                                </li>
                                <li>
                                    <i class="far fa-calendar-alt"></i> {{ 文章.发布时间 |date:'Y-m-d' }}
                                </li>
```

```
                              <li>
                                  <i class="far fa-eye"></i> {{ 文章.阅读数量 }}
                              </li>
                              <li>
                                  <a onclick="thumbs({{文章.id}})">
                                      <i class="far fa-thumbs-up"></i> {{ 文章.点赞数
量 }}</a>
                              </li>
                              <li>
                                  {% load 我的标签 %}
                                  {% with request.user |收藏查询:文章.id as 收藏%}
                                  {% if 收藏  %}
                                  <a href="{% url '删除收藏' 收藏.first.id %}">
                                      <i class="fas fa-star red_icon"></i> {{ 文章.相
关收藏.count }}</a>
                                  {% else %}
                                  <a href="{% url '添加收藏' 文章.id %}">
                                      <i class="far fa-star "></i> {{ 文章.相关收藏.
count }}</a>
                                  {% endif %}
                                  {% endwith %}
                              </li>
                          </ul>
                      </div>
                      {{ 文章.正文 |safe }}
                  </div>
              </div>
          </div>
          {% include '边栏.html' %}
      </div>
    </div>
</div>
<script>
    function thumbs(id){
        $.ajaxSetup({
            data:{csrfmiddlewaretoken:'{{ csrf_token }}'},
            async:false
        });
        $.get("/点赞/" + id, function (result) {
```

```
            if (result == '成功') {
                location.reload();
            } else if (result == '赞过') {
                alert('您今天已经赞过这篇文章，请改天再点赞吧！');
            } else {
                alert('操作失败，请稍后重试！');
            };
        });
    };
</script>
{% endblock %}
```

在示例代码中，使用自定义过滤器 "收藏查询" 对请求用户 "request.user"（过滤器函数第 1 个参数）进行处理，并将 "文章.id" 作为过滤器第 2 个参数传入。同时通过 "with" 标签将过滤器的处理结果存入变量 "收藏"，供 "if" 标签进行判断。如果 "收藏" 记录存在，则从收藏中取出第一个收藏记录并获取 "id" 值作为 "删除收藏" 链接的参数。如果没有 "收藏" 记录，则创建 "添加收藏" 的链接。

另外，在加载 "文章.正文" 时还使用了过滤器 "safe"，让正文中的 HTML 代码能够被执行。

在点赞功能的 HTML 代码中，通过 "onclick" 调用了名为 "thumbs" 的 JS 函数，并将 "文章.id" 作为参数传入。

在模板代码的末尾，添加了相应的 JS 代码。"thumbs" 函数通过 "get" 方法向服务器发送请求，并根据返回的字符串刷新页面或给出提示。

14.3　编写文章详情视图

在进行单元测试时，编写过 "文章详情" 的视图代码。现在，我们将其补充完整，全部代码如下。

```
class 文章详情(DetailView):
    model = 文章                                      # 指定模型
    template_name = '文章详情.html'                    # 指定模板
    context_object_name = '文章'                       # 设置上下文数据对象名称


    def get_queryset(self):
        文章编号 = self.kwargs['pk']                   # 获取文章标号参数
        查询结果 = 文章.objects.filter(id=文章编号, 发布时间__lte=timezone.now())
# 获取已发布的文章对象
```

```
        return 查询结果

    def get_context_data(self, **kwargs):                # 新增方法代码
        上下文数据 = super().get_context_data(**kwargs)
        return 整合边栏数据(上下文数据)                    # 整合边栏数据并返回
```

与之前的视图代码相比，新的代码中重写了视图类的"get_context_data"方法，将右侧边栏的数据整合到上下文数据中。

14.4　实现添加收藏功能

在"文章详情"页面中，如果当前文章没有被当前用户收藏，通过单击星形图标能够收藏当前文章。

先在 Web 应用的"urls.py"文件中添加"添加收藏"的访问规则。

```
path('添加收藏/<int:文章编号>', views.添加收藏, name='添加收藏'),
```

然后，编写"添加收藏"的视图函数，全部代码如下。

```
from django.shortcuts import HttpResponseRedirect        # 引入重定向类

@login_required                                           # 登录检查装饰器
def 添加收藏(request, 文章编号):                           # 获取访问规则中的"文章编号"参数
    try:
        收藏.objects.create(用户=request.user, 文章_id=文章编号)   # 创建收藏记录
    except:                                               # 捕获到异常时
        ...                                               # 不做任何处理
    return HttpResponseRedirect(reverse_lazy('文章详情', args=[文章编号]))  # 重定向
到文章详情页面
```

至此，如果当前文章没有被当前用户收藏，当用户单击收藏图标时，能够收藏当前文章，并且页面被刷新。

14.5　实现删除收藏功能——DeleteView

在"文章详情"模板中，没有使用之前的"取消收藏"链接，而是重新定义了"删除收藏"的链接。这是因为我们将采用一种新的方式对取消收藏的操作进行处理。

14.5.1　编写删除收藏视图

先在 Web 应用的"urls.py"文件中添加"删除收藏"的访问规则。

```
path('删除收藏/<slug:pk>', views.删除收藏.as_view(), name='删除收藏'),
```

　　然后，编写"删除收藏"视图类，这个视图类继承 Django 的通用视图"DeleteView"，全部代码如下。

```
from django.views.generic import DeleteView              # 引入删除视图

class 删除收藏(LoginRequiredMixin, DeleteView):          # 继承删除视图和登录检查类
    model = 收藏                                          # 指定删除数据的模型

    def form_valid(self, form):                          # 删除表单有效时
        if self.request.user == self.object.用户:        # 如果当前用户是收藏记录的用户
            self.object.delete()                         # 删除当前收藏记录
            return HttpResponseRedirect(                 # 重定向到文章详情页面
                reverse_lazy('文章详情', args=[self.object.文章.id])   # 反向解析 URL
            )
        else:                                            # 否则
            return HttpResponse('非法操作！')            # 提示用户非法操作
```

14.5.2　编写确认删除页面模板

　　"DeleteView"会在用户取消收藏时返回一个确认页面，这个页面的模板如果没有在视图中指定，Django 会自动寻找 "/templates/应用名称"文件夹下名为"模型名称_confirm_delete.html"的文件，如图 14-2 所示。

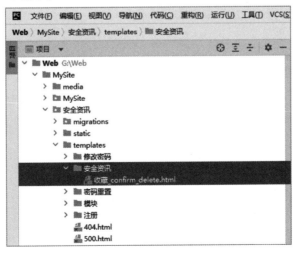

图 14-2　添加确认删除收藏模板文件

所以，需要在相应的位置创建模板文件"收藏_confirm_delete.html"，全部代码如下。

```
{% extends '基本.html' %}
{% block 标题 %}删除收藏{% endblock %}
{% block 页面内容 %}
<div style="padding: 240px 0;">
    <div class="container">
        <div class="row justify-content-center">
            <div class="col-xl-6 col-lg-6">
                <form method="post">{% csrf_token %}
                    <p>您要取消收藏《{{ object.文章.标题 }}》吗？  </p>
                    {{ form }}
                    <input type="submit" value="确定">
                </form>
            </div>
        </div>
    </div>
    <div class="part-img">
        {% load static %}
        <img src="{% static 'assets/img/bg.png' %}" alt="">
    </div>
</div>
{% endblock %}
```

"DeleteView"会为确认删除收藏的模板传入收藏记录数据对象以及表单对象。可以通过这两个对象在模板中写入需要呈现的数据和表单内容。

至此，我们就以新的方式完成了取消收藏的功能。

14.6 实现文章点赞功能

在"文章详情"模板中，JS 函数"thumbs"会向"/点赞/文章编号"的 URL 地址发送请求。我们需要在 Web 应用的"urls.py"文件中添加相应的访问规则来处理请求。

```
path('点赞/<int:编号>', views.文章点赞, name='点赞'),
```

然后，编写访问规则中调用的"文章点赞"视图类，全部代码如下。

```
from django.core.exceptions import ObjectDoesNotExist        # 引入对象不存在异常


@login_required                                              # 登录检查装饰器
def 文章点赞(request, 编号):
```

```
try:
    当前文章 = 文章.objects.get(id=编号)              # 获取文章数据对象
    _, 新建 = 点赞.objects.get_or_create(           # 获取或创建点赞记录
        用户=request.user,
        文章=当前文章,
        点赞日期=timezone.now().date()
    )
    if 新建:                                        # 如果点赞记录被创建
        当前文章.点赞数量 += 1                        # 文章点赞数量增加 1
        当前文章.save()                             # 保存文章数据
        return HttpResponse('成功')                 # 返回执行结果信息
    else:
        return HttpResponse('赞过')                 # 返回执行结果信息
except ObjectDoesNotExist:                          # 捕获文章不存在时的异常
    return HttpResponse('失败')                     # 返回错误信息
```

在示例代码中，先获取被点赞的文章对象，如果文章不存在，则会捕获到异常，返回错误信息。如果文章存在，则通过文章对象、当前用户对象以及当前日期获取或创建点赞记录。如果点赞记录是刚创建的，将当前文章的点赞数量增加 1，并返回成功的执行结果，否则，点赞记录是已存在的，返回已赞过的执行结果。

至此，用户就能够使用文章详情的点赞功能了。

14.7　实现阅读计数功能

用户每天首次打开某一篇文章的详情页面时，文章的阅读数量需要增加 1 次。这就需要我们对用户是否当日首次阅读某一篇文章进行判断。

14.7.1　编写已阅函数

对于文章是否已被当前用户阅读，也可以采用类似点赞记录的方式。这里采用另一种方式，在会话数据中保存阅读记录，并通过查询会话数据，获取文章是否已被当前用户阅读的信息。简单来说，在会话中查询当前阅读文章的编号与阅读日期，如果不存在则创建新的阅读记录，否则当前文章已被阅读过。

创建一个"已阅"函数，全部代码如下。

```
def 已阅(当前文章, request):
    当前日期 = str(datetime.now().date())           # 获取当前日期字符串
    阅读记录 = request.session.get('阅读记录', {}) # 获取阅读记录，如果不存在返回空字典
```

```
文章列表 = 阅读记录.get(当前日期, None)   # 获取当日阅读过的文章列表，如果不存在返回 None 值
if not 文章列表:                          # 如果当日阅读文章列表不存在
    request.session['阅读记录'] = {当前日期: [当前文章.id]}   # 创建新的阅读记录
else:                                      # 否则（文章列表存在）
    if 当前文章.id not in 文章列表:        # 如果当前文章没有包含在已阅读的文章列表内
        request.session['阅读记录'] = {当前日期: 文章列表 + [当前文章.id]}   # 当日
阅读文章列表添加当前文章
    else:                                  # 否则（当前文章在当日已阅读文章列表中）
        return True                        # 返回真值（代表已阅）
```

14.7.2 修改文章详情视图

在文章详情页面被打开时，需要对文章是否已阅进行查询，所以需要修改之前已经写好的"文章详情"视图类。将"get_context_data"方法修改为新的代码如下。

```
def get_context_data(self, **kwargs):
    上下文数据 = super().get_context_data(**kwargs)
    if not 已阅(上下文数据['文章'], self.request):    # 如果当前文章当日未被阅读
        上下文数据['文章'].阅读数量 += 1               # 文章阅读数量加 1
        上下文数据['文章'].save()                      # 保存新数据到数据库
    return 整合边栏数据(上下文数据)                     # 整合边栏数据并返回
```

在示例代码中，如果"已阅"函数未返回真值，则将上下文数据中文章对象的阅读数量加 1，并且保存到数据库。

至此，打开文章详情页面时进行阅读计数的功能就完成了。

14.8 添加限制访问功能

有些时候，我们可能会对一些 IP 的访问加以限制，例如禁止某个 IP 地址的客户端访问所有文章详情页面。那就需要在客户端请求进入服务器时获取客户端的 IP 地址进行比对，对指定的 IP 地址加以拦截，不让应用程序对其做出响应。

14.8.1 创建自定义中间件模块

我们当然可以在"文章详情"视图类中编写代码禁止某些 IP 的客户端访问。但是，当需求发生改变时，很可能需要修改"文章详情"视图类的代码。这样非常容易因为修改代码产生不必要的问题。最好的办法是编写一个能实现此功能的模块，在需要的时候挂载，在不需要的时候卸

载。能够做到这一点的模块叫中间件，也就是能够挂载在请求与响应中间的一个功能组件。

在 Web 应用文件夹中，创建一个名为"中间件"的文件夹，存放"自定义中间件.py"文件和记录被限制 IP 地址的"黑名单.txt"文件，如图 14-3 所示。

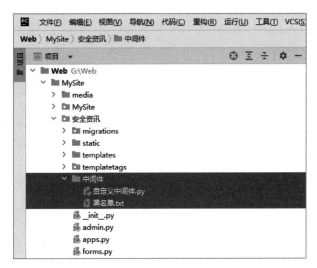

图 14-3　创建中间件模块文件

"黑名单.txt"的每一行内容是被限制访问的 IP 地址。此处以局域网中其他计算机或移动设备的 IP 地址为例。

```
192.168.18.3
192.168.18.9
```

14.8.2　通过函数实现中间件

中间件可以通过函数实现，也可以通过类实现。我们先编写通过函数实现的代码。

首先，编写一个普通函数"读取黑名单"。

```
def 读取黑名单():
    with open('安全资讯/中间件/黑名单.txt', 'r', encoding='utf-8') as 文件:
        return [行.strip() for 行 in 文件.readlines()]
```

然后，再编写一个判断客户端 IP 地址是否需要拦截的函数"IP 需要拦截"。

```
def IP需要拦截(客户端请求):
    ip = 客户端请求.META['REMOTE_ADDR']                      # 获取访问用户的 ip
    return ip in 读取黑名单() and 客户端请求.path.startswith('/文章/') # 返回判断结果
```

最后，编写中间件函数"访问限制中间件"。

```
from django.http import HttpResponseForbidden    # 引入禁止访问响应类

def 访问限制中间件(获取响应数据):                    # 中间件需要接收获取响应数据的函数
    def IP访问限制(客户端请求):                      # 类似视图函数，需要参数接收请求
        # 处理每个请求之前（视图调用前）要执行的代码写在这里

        if IP需要拦截(客户端请求):                   # 如果IP在黑名单中，则访问文章详情页面
            return HttpResponseForbidden('您被禁止访问！')   # 返回禁止访问的响应信息

        响应 = 获取响应数据(客户端请求)    # 执行获取响应数据的函数取得响应数据

        # 处理每个请求或响应之后（视图调用后）要执行的代码写在这里

        return 响应                      # 返回响应数据

    return IP访问限制                     # 返回功能函数
```

Django 会为中间件传入一个获取响应数据的函数对象，并为中间件包含的内部函数传入客户端请求。在内部函数中，获取响应数据的函数执行之前和之后都可以编写代码实现额外的功能。很明显，拦截用户访问的代码要写在获取响应数据函数执行之前。

编写完中间件函数之后，在配置文件"settings.py"中，添加中间件到"MIDDLEWARE"配置列表中。中间件有比较严格的顺序要求，我们编写的中间件是在接收到客户端请求之后就要进行 IP 拦截操作，所以要放在其他中间件之前。

```
MIDDLEWARE = [
    '安全资讯.中间件.自定义中间件.访问限制中间件',
    ...其他中间件名称...
]
```

此时，黑名单中 IP 对应的客户端访问某一文章详情时会被禁止访问。

14.8.3 通过类实现中间件

通过类也能够实现中间件功能。我们将名为"访问限制中间件"的中间件函数代码注释或删除，然后编写一个名称同样为"访问限制中间件"的中间件类。全部代码如下。

```
from django.utils.deprecation import MiddlewareMixin    # 引入中间件类

class 访问限制中间件(MiddlewareMixin):                    # 继承中间件类
```

```
def __init__(self, 获取响应数据):
    self.获取响应数据 = 获取响应数据


def __call__(self, 客户端请求):
    # 处理每个请求之前（视图调用前）要执行的代码写在这里
    if IP 需要拦截(客户端请求):    # 如果 IP 在黑名单中，则访问文章详情页面
        return HttpResponseForbidden('您被禁止访问！')    # 返回禁止访问响应信息
    响应 = self.获取响应数据(客户端请求)    # 执行获取响应数据的函数取得响应数据
    # 处理每个请求或响应之后（视图调用后）要执行的两码写在这里
    return 响应    # 返回响应数据
```

至此，通过类实现的中间件就完成了。

第 15 章
Django 项目实战：实现全文检索功能

在网站的右侧边栏中，带有一个搜索框。在搜索框中输入关键字，能够将标题或正文包含关键字的文章筛选出来。即便关键字不能完全匹配也能呈现近似的结果，如图 15-1 所示。

图 15-1　搜索结果页面

15.1　使用 Elasticsearch

Django 本身并不具备全文检索的功能，需要使用 Elasticsearch 帮助我们来实现。Elasticsearch 是著名的分布式搜索和分析引擎。

15.1.1　安装并启动 Elasticsearch 服务

我们要使用的 Elasticsearch 是 Windows 版本，版本号为 8.7.1。

软件下载地址：https://artifacts.elastic.co/downloads/elasticsearch/elasticsearch-8.7.1-windows-x86_64.zip。

如果需要 Windows 系统以外的版本，可以访问以下地址进行下载：https://www.elastic.co/cn/downloads/past-releases/elasticsearch-8-7-1。

将下载到的压缩包解压缩到项目文件夹下，并打开 "bin" 文件夹下的 "elasticsearch.bat" 文件，或者通过 CMD 在 "bin" 路径下执行命令 "elasticsearch"，都能够启动 "elasticsearch" 服务。启动后的终端窗口不要关闭，这样才能够为 Django 提供搜索引擎服务，服务端口为 "9292"，如图 15-2 所示。

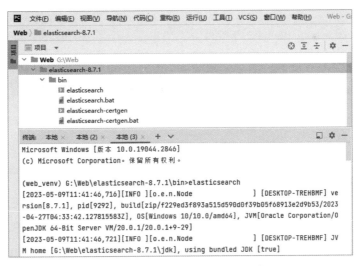

图 15-2　启动 Elasticsearch 服务

15.1.2　安装 Elasticsearch 相关 Python 库

除了安装 Elasticsearch 服务程序，还需要安装相关的 Python 库。

Django Elasticsearch DSL（Domain Specific Language）是一个高级库，它能够帮助编写和运行针对 Elasticsearch 的查询。Django Elasticsearch DSL 是一个 Python 库，允许在 Elasticsearch 中索引 Django 模型，它是围绕 Elasticsearch-dsl-py 所构建的。我们需要在虚拟环境中安装 Django Elasticsearch DSL。

激活虚拟环境并执行命令：

```
pip install django-elasticsearch-dsl
```

安装 "django-elasticsearch-dsl" 会自动安装相关依赖库，包括 "elasticsearch" 和 "elasticsearch-dsl"。

安装完成后，在配置文件 "settings.py" 中添加配置。

```
INSTALLED_APPS = [
    ...省略其他代码...
    'django_elasticsearch_dsl',
]

ELASTICSEARCH_DSL = {
    'default': {
        'hosts':'localhost:9292',
    },
}
```

15.2　创建索引

使用 Elasticsearch 的搜索引擎服务，需要先为 Django 的数据模型创建索引。创建索引的配置需要编写一个文档文件。

15.2.1　编写文档文件

在 Web 应用文件夹中新建一个名为 "documents.py" 的 Python 文件，完整代码如下。

```
from django_elasticsearch_dsl import Document, fields, Index   # 引入文档、字段以及索引类
from .models import 文章                                        # 引入创建索引的模型

PUBLISHER_INDEX = Index('文章索引')                              # 创建索引对象

PUBLISHER_INDEX.settings(
    number_of_shards=1,                                        # 索引分片数量
```

```
        number_of_replicas=0                    # 分片副本数量
)


@PUBLISHER_INDEX.doc_type
class 文档(Document):
    # 创建映射与字段
    id = fields.IntegerField(attr='id')
    fielddata = True
    标题 = fields.TextField(
        fields={
            'keyword': {
                'type':'keyword',
            }


        }
    )
    正文 = fields.TextField(
        fields={
            'keyword': {
                'type':'keyword',


            }
        },
    )

                                              # 配置模型

    class Django(object):
        model = 文章                          # 指定索引的模型
        ignore_signals = True    # 解决文章详情打开错误（视图中对模型数据修改导致）
```

　　在示例代码中，通过"Index"类创建了名称为"文章索引"的索引。并创建了名为"文档"的类，用于创建 Document 对象。Document 是所有可搜索数据的最小基础信息单元。一个 Document 对象就像数据库中的一行数据记录，Document 会被序列化成 JSON 格式，多个 Document 存储于一个 Index（索引）中。

　　在内部类"Django"中，指定了需要索引的模型。另外，因为在"文章详情"视图中带有对数据对象更新的代码，在打开文章详情页面时，会发出更新索引的信号，从而导致页面异常。所以，要添加忽略信号的"ignore_signals"属性，以免页面发生异常。

15.2.2　生成索引数据

完成文档模块编写之后，我们就可以通过命令进行索引的创建了。在我们在配置文件"settings.py"中添加 Elasticsearch 的配置之后，"manage.py"就新增了"search_index"的命令。

执行命令：

```
python manage.py search_index --rebuild（或者--create）
```

首次创建索引可以在命令中使用"--create"参数，如果不确定是否已存在索引，可以使用"--rebuild"参数重建索引。

> **注意**
>
> 创建索引以及使用搜索功能必须启动 Elasticsearch 服务。

因为 Elasticsearch 默认开启了安全认证，此时可能出现无法连接 Elasticsearch 服务的异常，我们可以在配置文件"\elasticsearch-8.7.1\config\elasticsearch.yml"中将安全认证设置暂时关闭。

```
xpack.security.enabled:false
```

另外，在执行创建索引的命令时，可能会发生以下错误。

```
sqlite3.ProgrammingError: Cannot operate on a closed database.
```

这是因为在 Django 的编译器模块中，关闭了数据库连接所导致的错误。

打开"\web_venv\lib\site-packages\django\db\models\sql\compiler.py"文件，在最后一个函数"cursor_iter"中，暂时注释关闭数据库连接的语句。

```
finally:
    ...
    # cursor.close()  #注释此语句
```

当执行创建索引命令之后，再恢复这条代码语句。

15.3　实现搜索功能

使用 Elasticsearch 创建索引之后，就能够通过 Document 实现搜索功能。

15.3.1　编写搜索视图

搜索结果页面仍然是一个文章列表页面，所以视图类"搜索"仍可以继承"文章列表"类，全部代码如下。

```
from elasticsearch_dsl import Q                          # 导入 Q 查询类
from .documents import *                                 # 导入文档模块
from elasticsearch import Elasticsearch                  # 导入 Elasticsearch 类


class 搜索(文章列表):

    def get_queryset(self):
        self.关键词 = self.request.GET.get('search', '')    # 获取 URL 中的关键词参数
        请求 = Q({"multi_match": {"query": self.关键词, "fields": ["标题", "正
文"]}})   # 通过 Q 对象组织匹配多项的查询
        es = Elasticsearch(hosts=['http://localhost:9200'])   # 通过 Elasticsearch 创
建搜索器
        搜索 = 文档.search(
            using=es,                                    # 指定搜索器
            index=str(PUBLISHER_INDEX)                   # 指定索引名称
        ).query(请求).extra(size=500, from_=0)            # 指定请求内容，搜索结果最大数量以及起始条目
        搜索结果 = 搜索.execute()                         # 执行搜索，获取 JSON 格式搜索结果
        self.搜索时间 = 搜索结果['took']                  # 获取搜索结果中的搜索时间
        self.结果数量 = 搜索结果['hits']['total']['value']   # 获取搜索结果中结果总数值
        return 搜索.to_queryset()                         # 将搜索结果更改为 QuerySet 类型后返回

    def get_context_data(self, **kwargs):
        context = super().get_context_data(**kwargs)
        context['列表标题'] = f'[{self.关键词}]相关的文章' \
                            f'共{self.结果数量}篇' \
                            f'耗时{round(self.搜索时间 / 1000, 3)}秒'   # 添加列表标题
        context['页面名称'] = '搜索'                       # 添加页面名称
        context['关键词'] = f'&search={self.关键词}'        # 关键词字符串
        return context
```

在示例代码中，重写了 "get_queryset" 方法和 "get_context_data" 方法。"get_queryset"
方法的重点在于使用 "文档" 类的 "search" 方法代替一般模型管理器的查询方法进行数据查
询。"search" 方法的参数 "using" 是一个 "Elasticsearch" 类的对象，通过传入 Elasticsearch
服务的 URL 地址进行创建。参数 "index" 是索引的名称。并且还要指定查询请求（query）以及
一些额外的（extra）参数，搜索结果的最大数量（size）和起始条目的序号（from_）。

因为查询请求比较复杂，需要通过 Q 对象组织请求内容。Q 对象不仅仅在此处应用，因为
模型管理器类似 "filter" 方法只能对多个参数进行 "并且" 关系的查询，如果需要 "或者" 关系

或更复杂逻辑关系的查询时，则需要使用 Q 对象进行辅助。关于 Q 对象的使用，可参考官方文档中的详细介绍。

文档路径： /django-docs-4.1-zh-hans/topics/db/queries.html。

段落标题： 通过 Q 对象完成复杂查询。

如果直接进行搜索，返回的结果是一个 JSON 字典，通过键的名称即可获取相应的值。但是，"文章列表"模板中需要传入 QuerySet 才能正常显示文章列表，所以需要使用"to_queryset"方法，让获取的搜索结果为 QuerySet 类型。

"get_context_data"方法中仍然是组织"列表标题"和"页面名称"传入模板。但是因为搜索结果页面中文章列表分页条的翻页链接和其他页面中不一致，需要带有额外的关键词参数，所以，需要在视图中将关键词添加到上下文数据中，一并传入模板进行渲染。

15.3.2　编写模板文件

"搜索.html"模板文件的完整代码如下。

```
<div class="single-widget" id="search-bar">
    <form action="{% url '搜索' %}" method="get" class="search">
        <input type="text" name="search" placeholder="请输入查询关键字">
        <button type="submit"><i class="fas fa-search"></i></button>
    </form>
</div>
```

除此之外，我们还需要修改"分页.html"模板。

一般文章列表页面的翻页 URL 类似：http://127.0.0.1/文章分类/信息安全？page=3

搜索结果列表页面的翻页 URL 类似：http://127.0.0.1/搜索/？page=3&search=关键词

也就是说，我们需要在"分页.html"模板中，为分页条的每个链接加上关键词字符串"{{ 关键词 }}"。

新的"分页.html"模板完整代码如下。

```
<div class="row">
    <div class="col-xl-12 col-lg-12">
        <div class="page-ination page-ination-property-sidebar">
            {% if page_obj.number > 5 %}<!--如果页码大于 5，显示首页按钮-->
                <a href="? page=1{{ 关键词 }}">首页</a>
                {% if page_obj.number > 9 %}<!--如果页码大于 9，显示快速向前翻页-->
                    <a href="? page={{ page_obj.number |add:'-9' }}{{ 关键词 }}"><i
class="fa fa-angle-double-left"></i></a>
```

```
        {% else %}<!--否则，显示快速向前翻页，页码固定为 5-->
                <a href="? page = 5{{ 关键词 }}"><i class = "fa fa-angle-double-
left"></i></a>
            {% endif %}
        {% endif %}
        {% if page_obj.has_previous %}<!--如果有上一页，显示上一页按钮-->
        <a href="? page={{ page_obj.previous_page_number }}{{ 关键词 }}"><i
class = "fa fa-angle-left"></i></a>
            {% endif %}
        {% for 页码 in paginator.page_range %}<!--遍历页码范围-->
        {% if 页码 ! = page_obj.number %}<!--如果页码与当前页码不相同-->
                {% if page_obj.number < 5 and 页码 < 10 or 页码 |add:"9" >
paginator.num_pages and page_obj.number |add:"4" > paginator.num_pages or 页码 |
add:"5" > page_obj.number and 页码 |add:"-5" < page_obj.number %}
                <!--如果当前页码小于 5 并且加载页码小于 10 或者 当前页码是最后 5 页并且加
载页码是最后 10 页 或者 加载页码是当前页码的前 4 页和后 4 页之间-->
                    <a href="? page={{ 页码 }}{{ 关键词 }}">{{ 页码 }}</a><!--生成
页码并添加链接-->
                {% endif %}
        {% else %}<!--否则，呈现激活样式-->
        <a class = "active">{{ 页码 }}</a>
        {% endif %}
        {% endfor %}
        {% if page_obj.has_next %}<!--如果有下一页，显示下一页按钮-->
        <a href = "? page = {{ page_obj.next_page_number }}{{ 关键词 }}"><i
class = "fa fa-angle-right"></i></a>
            {% endif %}
        {% if page_obj.number |add:"4" < paginator.num_pages %}<!--如果剩余超过 4 页-->
        {% if page_obj.number |add:"9" < paginator.num_pages %}<!--如果剩余超
过 9 页，显示快速向后翻页-->
                <a href="? page={{ page_obj.number |add:'9' }}{{ 关键词 }}"><i
class = "fa fa-angle-double-right"></i></a>
        {% else %}<!--否则，显示快速向后翻页，页码固定为倒数第 5 页-->
                <a href="? page={{ paginator.num_pages |add:'-4' }}{{ 关键词 }}"><
i class = "fa fa-angle-double-right"></i></a>
            {% endif %}
        <a href="? page={{ paginator.num_pages }}{{ 关键词 }}">尾页</a><!--
显示尾页按钮-->
        {% endif %}
```

```
    </div>
  </div>
</div>
```

最后，在 Web 应用的"urls.py"文件中添加"搜索"的访问规则。

```
path('搜索/', views.搜索.as_view(), name='搜索'),
```

至此，就可以正常使用搜索功能了。

15.3.3　启用 Elasticsearch 密码

如果不为 Elasticsearch 设置密码，可能会出现名为"ElasticsearchWarning"的安全性提示。为了避免出现这样的提示，同时提高网站的安全性，我们在配置文件"\elasticsearch-8.7.1\config\elasticsearch.yml"中恢复启用安全认证。

```
xpack.security.enabled: true
```

并为 Elasticsearch 初始化密码。在"\elasticsearch-8.7.1\bin\"路径下执行命令：

```
elasticsearch-setup-passwords auto
```

如果此时提示 SSL 异常"ERROR：Failed to establish SSL connection to elasticsearch at..."，可以在配置文件"\elasticsearch-8.7.1\config\elasticsearch.yml"中关闭 SSL。

```
xpack.security.http.ssl:
  enabled: false
```

这样就能自动给名为"elastic"的用户创建密码，如图 15-3 所示。

执行创建密码命令时，可能出现 keystore 文件丢失的错误。

```
ERROR: Elasticsearch keystore file is missing
```

此时，通过命令创建 keystore 文件即可。

执行命令：

```
elasticsearch-keystore create
```

如果需要手动设置密码，执行命令：

```
elasticsearch-setup-passwords interactive
```

然后，逐项进行密码设置。

如果初始化密码时，发生"Failed to authenticate user ' elastic ' against..."的错误，可能是因为已经进行过密码初始化或修改所导致，可以尝试直接修改"elastic"用户的密码。

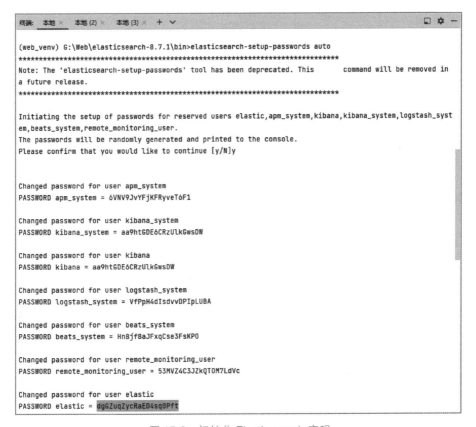

图 15-3　初始化 Elasticsearch 密码

15.3.4　修改 Elasticsearch 密码

如果忘记密码，重置 Elasticsearch 密码命令如下。

执行命令：

```
elasticsearch-reset-password -u elastic
```

此时，会自动为 "elastic" 用户生成新的随机密码。

如果需要自定义 "elastic" 用户的密码，也可以通过命令实现。

执行命令：

```
elasticsearch-reset-password -u elastic -i
```

此时，会出现输入密码的提示，输入两次新密码之后，即可完成密码的修改，如图 15-4 所示。

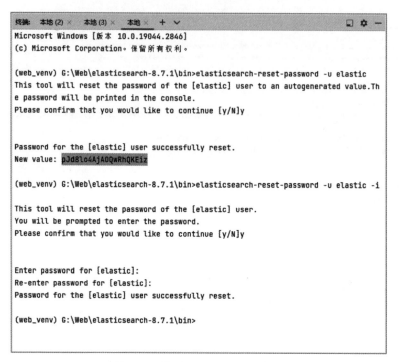

图 15-4　修改 Elasticsearch 密码

15.3.5　使用密码访问 Elasticsearch

完成 Elasticsearch 密码的设置后，需要修改"搜索"视图类的代码，使用新设置的密码。需要修改的语句如下。

```
es = Elasticsearch(hosts=['http://localhost:9292'])
```

修改后的语句如下。

```
es = Elasticsearch(hosts=['http://elastic:123456@localhost:9292'])
```

如示例代码所示，将主机链接加入用户名和密码信息，即可通过密码访问 Elasticsearch 服务。

关于"搜索"视图类，还可以采用另一种方式实现。

```
from django_elasticsearch_dsl.search import Search      # 引入搜索类
from elasticsearch_dsl.connections import create_connection  # 引入创建连接的方法
```

```
class 搜索(文章列表):
    def get_queryset(self):
        self.关键词 = self.request.GET.get('search', '')
        create_connection(hosts = ['localhost:9292'], http_auth = ('elastic',
'RaJh6N03WKLVaasZeRkT'))
        请求 = Q({"multi_match": {"query": self.关键词, "fields": ["标题", "正文"]}})
        搜索 = Search(index = str(PUBLISHER_INDEX), model = 文章).query(请求).extra
(size=500, from_=0)
        搜索结果 = 搜索.execute()
        self.搜索时间 = 搜索结果['took']
        self.结果数量 = 搜索结果['hits']['total']['value']
        return 搜索.to_queryset()

    def get_context_data(self, **kwargs):
        context = super().get_context_data(**kwargs)
        context['列表标题'] = f'[{self.关键词}]相关的文章' \
                            f'共{self.结果数量}篇' \
                            f'耗时{round(self.搜索时间 / 1000, 3)}秒'  # 添加列表标题
        context['页面名称'] = '搜索'
        context['关键词'] = f'&search={self.关键词}'
        return context
```

新的视图类代码中，使用"create_connection"方法创建了访问链接。然后，使用"Search"类创建搜索对象。这样的方式能够实现和前一种方式相同的搜索功能。

关于安全资讯网站的开发到这里就结束了，后续工作读者可以参考第 5 章配置网站的后台，再参考第 6 章完成网站部署。

感谢阅读本书的每一位读者！